"十三五"示范性高职院校建设

建筑电气施工技术项目教程

主　编　岳　威

副主编　王秀乾　王　璐

　　　　冯珊珊　陶　帅

北京理工大学出版社

BEIJING INSTITUTE OF TECHNOLOGY PRESS

内 容 提 要

本书按照高职高专院校人才培养目标以及专业教学改革的需要，依据最新标准规范进行编写。全书主要内容包括建筑电气施工基本知识、建筑电气安装常用材料、工具和仪表、室内配线工程施工、电气照明装置安装、变配电设备安装、电缆线路施工、防雷与接地装置安装等。

本书可作为高职高专院校建筑电气工程技术、建筑智能化工程技术及其他相近专业的教材，也可作为函授和自考辅导用书，还可供建筑安装工程施工现场相关技术和管理人员工作时参考使用。

图书在版编目（CIP）数据

建筑电气施工技术项目教程 / 岳威主编.—北京：北京理工大学出版社，2017.2（2017.3重印）

ISBN 978-7-5682-3653-9

Ⅰ.①建…　Ⅱ.①岳…　Ⅲ.①房屋建筑设备－电气设备－电气施工－高等学校－教材　Ⅳ.①TU85

中国版本图书馆CIP数据核字(2017)第022531号

出版发行 / 北京理工大学出版社有限责任公司

社　　址 / 北京市海淀区中关村南大街5号

邮　　编 / 100081

电　　话 / （010）68914775（总编室）

　　　　　（010）82562903（教材售后服务热线）

　　　　　（010）68948351（其他图书服务热线）

网　　址 / http://www.bitpress.com.cn

经　　销 / 全国各地新华书店

印　　刷 / 北京紫瑞利印刷有限公司

开　　本 / 787毫米×1092毫米　1/16

印　　张 / 12.5　　　　　　　　　　　　责任编辑 / 李玉昌

字　　数 / 272千字　　　　　　　　　　　文案编辑 / 瞿义勇

版　　次 / 2017年2月第1版　2017年3月第2次印刷　　责任校对 / 周瑞红

定　　价 / 32.00元　　　　　　　　　　　责任印制 / 边心超

图书出现印装质量问题，请拨打售后服务热线，本社负责调换

前　言

　　我国建筑市场前景广阔，建筑业随着国民经济的高速发展，保持了快速发展的势头。各种电气设备日新月异地大量展现在建筑电气安装工程领域中，迫切需要培养适应现代建筑电气工程安装施工的应用型技人才。

　　本书根据高职高专院校人才培养的特点，内容采用项目教学法编写形式，注重工学结合，将理论与实践教学融为一体。重点培养学生的动手能力，使学生毕业后具有更宽广的就业面。全书共分为七个项目，按60学时讲授，每个项目均附有项目总结与简答题，供学生复习巩固之用。全书主要内容包括：建筑电气施工基本知识，建筑电气安装常用材料、工具和仪表，室内配线工程施工，电气照明装置安装，变配电设备安装，电缆线路施工，防雷与接地装置安装等。

　　本书由辽宁建筑职业学院岳威担任主编，辽宁建筑职业学院王秀乾、王璐、冯珊珊、陶帅担任副主编。具体编写分工为：项目1、项目2由王秀乾编写，项目3、4由岳威编写，项目5由王璐编写，项目6由冯珊珊编写，项目7由陶帅编写。本书编写人员均有较丰富的本课程教学经验和工程实践的经验。

　　本书在编写的过程中，参考了大量建筑电气施工技术的资料和书刊，同时引用了多位专家的著作和成果，在此一并表示感谢。

　　限于编者水平，书中难免存在一些缺点和错误，敬请广大读者和同行专家提出宝贵意见，不胜感激。

编　者

目 录

项目1　建筑电气施工基本知识

知识目标

1. 了解电气工程施工常用的规程、规范。
2. 掌握电气工程对土建工程的要求。
3. 掌握工程质量评定标准及其评定方法。

能力目标

1. 能根据施工图纸的设计要求，做好电气工程施工与土建工程的施工配合。
2. 能结合工程特点，做好施工前的各项准备工作。
3. 能根据工程质量检验评定标准，正确填写评定表格。

1.1　电气施工依据

随着建筑的电气化标准与功能需求的不断提高，将有更多的高新技术产品和设备进入建筑领域，扩展建筑物功能的范围。建筑电气工程的安装施工也将朝着复杂化、高技术方向发展。

建筑电气工程施工的依据是电气施工图、建筑电气安装工程施工的规范和标准、有关图集与图册。

1.1.1　电气施工图

电气工程施工图一般分为强电施工图和弱电施工图。强电施工图的内容包括图纸目录；强电设计说明；主要电气材料表；电气总平面图；供配电系统图；电气照明与动力系统图、平面图；防雷与接地图；相关的安装详图。弱电施工图的内容包括有线电视系统、建筑通信系统、建筑音响系统、保安监视系统、火灾自动报警与联动控制系统、建筑物智能化系统、综合布线系统等的系统图和平面图。

电气施工图是电气工程施工的主要依据，施工前一定要看懂，领会设计意图。施工时严格按照施工图进行施工。对施工图有疑问时，应在图纸会审时提出。在施工过程中发现问题应及时与设计方联系，取得设计方同意，按照设计方下发的变更通知进行施工。

1.1.2 建筑电气安装工程施工的规范和标准

建筑工程质量是反映建筑工程满足相关标准规定或合同约定的要求，包括其在安全、使用功能及其在耐久性能、环境保护、节能等方面所有明显和隐含能力的总和。

1.1.2.1 建筑电气安装工程施工及验收规范

建筑电气工程技术人员、质量检查人员及施工人员在掌握一定的电工基础理论知识以后，还必须学习国家颁发的建筑安装工程施工及验收规范。规范是对操作行为的规定，是使工程质量达到一定技术指标的保证，是在施工和验收过程中必须严格遵守的条款。

下面是国家颁发的建筑安装工程施工及验收规范中与电气安装工程有关的主要规范：

《电气装置安装工程　高压电器施工及验收规范》(GB 50147—2010)；

《电气装置安装工程　电力变压器、油浸电抗器、互感器施工及验收规范》(GB 50148—2010)；

《电气装置安装工程　母线装置施工及验收规范》(GB 50149—2010)；

《电气装置安装工程　电气设备交接试验标准》(GB 50150—2016)；

《电气装置安装工程　电缆线路施工及验收规范》(GB 50168—2006)；

《电气装置安装工程　接地装置施工及验收规范》(GB 50169—2016)；

《电气装置安装工程　旋转电机施工及验收规范》(GB 50170—2006)；

《电气装置安装工程　盘、柜及二次回路接线施工及验收规范》(GB 50171—2012)；

《电气装置安装工程　蓄电池施工及验收规范》(GB 50172—2012)；

《电气装置安装工程　66 kV及以下架空电力线路施工及验收规范》(GB 50173—2014)；

《施工现场临时用电安全技术规范》(JGJ 46—2005)；

《电气装置安装工程　低压电器施工及验收规范》(GB 50254—2014)；

《电气装置安装工程　电力变流设备施工及验收规范》(GB 50255—2014)；

《电气装置安装工程　起重机电气装置施工及验收规范》(GB 50256—2014)；

《电气装置安装工程　爆炸和火灾危险环境电气装置施工及验收规范》(GB 50257—2014)；

《住宅装饰装修工程施工规范》(GB 50327—2001)；

《建筑电气工程施工质量验收规范》(GB 50303—2015)；

《电梯工程施工质量验收规范》(GB 50310—2002)；

《城市道路照明工程施工及验收规程》(CJJ 89—2012)。

1.1.2.2 建筑电气工程设计规范

除以上电气装置安装工程施工及验收规范外，国家还颁发了与之相关的各种设计规范、标准及电气材料等有关技术标准及标准图集。这些技术标准是与施工及验收规范互为补充的。部分电气工程设计规范如下：

《民用建筑电气设计规范》(JGJ 16—2008)；

《建筑照明设计标准》(GB 50034—2013)；

《3～110 kV 高压配电装置设计规范》(GB 50060—2008)；

《通用用电设备配电设计规范》(GB 50055—2011)；

《20 kV 及以下变电所设计规范》(GB 50053—2013)；

《建筑物防雷设计规范》(GB 50057—2010)；

《供配电系统设计规范》(GB 50052—2009)；

《低压配电设计规范》(GB 50054—2011)；

《建筑设计防火规范》(GB 50016—2014)。

除以上列出的以外，还有其他相关的规范和标准，在此不再一一列出，使用各种规范、标准时，一定要选择现行最新版本。

1.1.3　有关图集和图册

与建筑电气安装有关的主要标准图集和图册如下：

《液位测量装置安装》(11D703—2)；

《建筑物防雷设施安装》(15D501)；

《常用风机控制电路图》(16D303—2)；

《35/6(10)4 kV 变配电所二次接线》(交流操作部分)(99D203—1)；

《干式变压器安装》(99D201—2)；

《1 000V 以下铁横担架空绝缘线路安装》(99D102—2)；

《6～10 kV 铁横担架空绝缘线路安装》(99D102—1)；

《硬塑料管配线安装》(98D301—2)；

《35/0.4 kV 变压器室布置及设备构件安装》(97D201—1)；

《常用灯具安装》(96D702—2)；

《线槽配线安装》(96D301—1)；

《蓄电池安装》(95D202—1)；

《爆炸危险环境电气线路和电气设备安装》(12D401—3)；

《110 kV 及以下电缆敷设》(12D101—5)；

《110 kV 及以下电力电缆终端和接头》(13D101—1～4)；

《封闭式母线安装》(91D701—2)；

《水箱及水池水位自动控制安装》(11D703—1)；

《常用低压配电设备安装》(04D702—1)；

《电缆桥架安装》(04D701—3)；

《电气竖井设备安装》(04D701—1)；

《UPS 与 EPS 电源装置的设计与安装》(15D202—3)；

《双电源自动转换装置设计图集》(04CD01)；

《特殊灯具安装》(03D702—3)；

《接地装置安装》(14D504);

《利用建筑物金属体做防雷及接地装置安装》(15D503);

《钢导管配线安装》(03D301-3);

《等电位联结安装》(15D502);

《常用水泵控制电路图》(16D303);

《电缆桥架安装》(04D701-3);

《10/0.4 kV 变电器室布置及变配电所常用设备构件安装》(03D201-4);

《室外变压器安装》(04D201-3);

《钢导管配线安装》(03D301-3)。

1.2　建筑电气安装工程施工三大阶段

建筑电气安装工程是依据设计与生产工艺的要求,按照施工平面图、规程规范、设计文件、施工标准图集等技术文件的具体规定,按照特定的线路保护和敷设方式将电能合理分配输送至已安装就绪的用电设备上及用电器具上;通电前,经过元器件各种性能的测试,系统的调整试验,在试验合格的基础上,送电试运行,使之与生产工艺系统配套,使系统具备使用和投产条件。其安装质量必须符合设计要求,符合施工及验收规范,符合施工质量检验评定标准。

建筑电气安装工程施工,通常可分为三大阶段,即施工前准备阶段、安装施工阶段、竣工验收阶段。

1.2.1　施工前准备阶段

施工前的准备工作是保证建设工程顺利地连续施工,全面完成各项经济指标的重要前提,是一项有步骤、有阶段性的工作,不仅体现在施工前,而且贯穿于施工的全过程。

施工前的准备工作内容较多,但就其工作范围,一般可分为阶段性施工准备和作业条件的施工准备。所谓阶段性施工准备,是指工程开工之前所做的各项准备工作。所谓作业条件的施工准备,是为某一施工阶段,某一分部、分项工程或某个施工环节所做的准备工作,其就是局部性的、经常性的施工准备工作。为保证工程的全面开工,在工程开工前起码应做好以下几方面的准备工作。

1.2.1.1　主要技术准备工作

(1)熟悉、会审图纸。图纸是工程的语言,是施工的依据,开工前,首先应熟悉施工图纸,了解设计内容及设计意图,明确工程所采用的设备和材料,明确图纸所提出的施工要求,明确电气工程和主体工程及其他安装工程的交叉配合,以便及时采取措施,确保在施工过程中不破坏建筑物的结构,不破坏建筑物的美观,不与其他工程发生位置冲突。

(2)熟悉和工程有关的其他技术材料。如施工及验收规范，技术规程，质量检验评定标准及制造厂提供的技术文件，即设备安装使用说明书、产品合格证、试验记录数据表等。

(3)编制施工方案。在全面熟悉施工图纸的基础上，依据图纸并根据施工现场情况、技术力量及技术装备情况，综合作出合理的施工方案。施工方案的编制内容主要包括：

1)工程概况；

2)主要施工方法和技术措施；

3)保证工程质量和安全施工的措施；

4)施工进度计划；

5)主要材料、劳动力、机具、加工件进度；

6)施工平面规划。

(4)编制工程预算。编制工程预算就是根据批准的施工图纸，在既定的施工方法的前提下，按照现行的工程预算编制的有关规定，按分部、分项的内容，把各工程项目的工程量计算出来，再套用相应的现行定额，累计其全部直接费用(材料费、人工费)，施工管理费、独立费等，最后综合确定单位工程的工程造价和其他经济技术指标等。

通过施工图预算编制，相当于对设计图纸再次进行严格审核，发现不合格的问题或无法购买到的器材等，可及时提请设计部门予以增减或变更。

1.2.1.2 机具、材料的准备

根据施工方案和施工预算，按照图纸作出机具、材料计划，并提出加工订货要求，各种管材、设备及附属制品零件等进入施工现场，使用前应认真检查，必须符合现行国家标准的规定，技术力量、产品质量应符合设计要求，根据施工方案确定的进度及劳动力的需求，有计划地组织施工。

1.2.1.3 组织施工

根据施工方案确定的进度及劳动力的需求，有计划地组织施工队伍进场。

1.2.1.4 全面检查现场施工条件的具备情况

准备工作做得是否充分将直接影响工程的顺利进行，直接影响进度及质量。因此，必须十分重视，并认真做好。

(1)技术交底使用的施工图必须是经过图纸会审和设计修改后的正式施工图，满足设计要求。

(2)施工技术交底应依据现行国家施工规范强制性标准，现行国家验收规范，工艺标准，国家已批准的新材料、新工艺进行交底，满足客户的需求。

(3)技术交底所执行的施工组织设计必须是经过公司有关部门批准了的正式施工组织设计或施工方案。

(4)施工交底时，应结合本工程的实际情况有针对性地进行，把有关规范、验收标准的具体要求贯彻到施工图中，做到具体、细致，有必要时还应标出具体数据，以控制施工质量，对主要部位的施工将书面和会议交底两者结合，并作出书面交底。好的施工技术交底

应达到施工标准与验收规范、工艺要求细化到施工图中，充分体现施工交底的意图，使施工人员依据技术交底合理安排施工，以使施工质量达到验收标准。

1.2.2 安装施工阶段

建筑电气工程施工是与主体工程（土建工程）及其他安装工程（给水排水管道、工艺管道、采暖通风空调管道、通信线路、消防系统及机械设备等安装工程）施工相互配合进行的。所以，建筑电气工程图与建筑结构图及其他安装工程图不能发生冲突。例如，线路走向与建筑结构的梁、柱、门窗、楼板的位置、走向有关，还与管道的规格、用途、走向有关，安装方法与墙体结构、墙体材料有关，特别是一些暗敷线路、电气设备基础及各种电气预埋件，更与土建工程密切相关，因此，阅读建筑电气工程图时，应对应阅读与之有关的土建工程图、管道工程图，以了解相互之间的配合关系。

1.2.2.1 电气工程与基础施工的配合

基础施工期间，电气施工人员应与土建施工人员密切配合，预埋好电气进户线的管路，由于电气施工图中强、弱电的电缆进户位置、标高、穿墙留洞等内容有的未注明在土建施工图中，因此，施工人员应该将以上内容随土建施工一起预留在建筑中，有的工程将基础主筋作为防雷工程的接地极，对这部分施工时应该配合土建施工人员将基础主筋焊接牢固，并标明钢筋编号引至防雷主引下线，同时，做好隐蔽检查记录，签字应齐全、及时，并注明钢筋的截面、编号、防腐等内容。当防雷部分需单独做接地极时，应配合土建人员，利用已挖好的基础，在图纸标高的位置做好接地极，并按相关规范焊接牢固，做好防腐，并做好隐蔽记录。

1.2.2.2 电气工程与主体工程的配合

当图纸要求管路暗敷设在主体内时，应该配合土建人员做好以下工作：

（1）按平面位置确定好配电柜、配电箱的位置，然后按管路走向确定敷设位置。应沿最近的路径进行施工，安装图纸标出的配管截面将管路敷设在墙体内，现浇混凝土墙体内敷设时，一般应把管子绑扎在钢筋里侧，这样，可以减小管与盒连接时的弯曲。当敷设的钢管与钢筋有冲突时，可将竖直钢筋沿墙面左右弯曲，横向钢筋上下弯曲。

（2）配电箱处的引上、引下管，敷设时应按配管的多少，按主次管路依次横向排好，位置应准确，随着钢筋绑扎时，在钢筋网中间与配电箱箱体连接敷设一次到位。例如，箱体不能与土建同时施工时，应用比箱体高的简易木箱套预埋在墙体内，配电箱引上管敷设至与木箱套上部平齐，待拆下木箱套再安装配电箱箱体。

（3）利用柱子主筋做防雷引下线时，应根据图纸要求及时与主体工程敷设到位，每遇到钢筋接头时，都需要焊接而且保证其编号自上而下保持不变直至屋面。电气施工人员做到心中有数，为了保证其施工质量，还要与钢筋工配合好，质量管理者还应做好隐蔽记录，及时签字。

（4）对于土建结构中注明的预埋件，预留的孔、洞应该由土建施工人员负责预留。电气施工人员要按照设计要求查对核实，符合要求后将箱盒安装好。建筑电气安装工程除与土建工程有密切关系需要协调配合外，还与其他安装工程，如给水排水、采暖、通风工程等有着密切联系，施工前应做好图纸会审工作，避免发生安装位置的冲突。管路互相平行或交叉安装时，要保证满足对安全距离的要求，不能满足时，应采取保护措施。

1.2.3 竣工验收阶段

建筑电气安装工程施工结束后，应进行全面质量检验，合格后办理竣工验收手续。质量检验和验收工程应依据现行电气装置安装工程施工及验收规范，按分项、分部和单位工程的划分，对其保证项目、基本项目和允许偏差项目逐项进行。

工程验收是检验评定工程质量的重要环节，在施工过程中，应根据施工进程，适时对隐蔽工程、阶段工程和竣工工程进行检查验收。工程验收的要求、方法和步骤有别于一般产品的质量检验。

工程竣工验收是对建筑安装企业技术活动成果的一次综合性检查验收。工程建设项目通过竣工验收后，才可以投产使用，形成生产能力。一般工程正式验收前，应由施工单位进行自检预验收，检查工程质量及有关技术资料，发现问题及时处理，充分做好交工验收的准备工作，然后提出竣工验收报告，由建设单位、设计单位、施工单位、当地质检部门及有关工程技术人员共同进行检查验收。

1.3 建筑电气安装工程施工质量评定和竣工验收

工程项目质量的评定和验收，是施工项目质量管理的重要内容。项目经理必须根据合同和设计图纸的要求，严格执行国家颁发的有关工程项目质量检验评定标准和验收标准，及时地配合监理工程师、质量监督站等有关人员进行质量评定和办理竣工验收交接手续。

工程项目质量评定和验收程序是按分项工程、分部工程、单位工程依次进行的。

1.3.1 建筑电气安装工程施工质量评定

1.3.1.1 人员组成

工程质量评定需设立专门管理系统，由专职质量检查人员全面负责质量的监督、检查和组织评定工作。施工单位的主管领导、主管技术的工程师、施工技术人员（工长）及班组质量检查人员参加。

1.3.1.2 检验的形式

（1）自检。由安装班组自行检查安装方式是否与图纸相符，安装质量是否达到相关电气规范的要求，对于不需要进行试验的电气装置，要由安装人员测试线路的绝缘性能及进行通电检查。

（2）互检。由施工技术人员或班组之间相互检查。

（3）初次送电前的检查。在系统各项电气性能全部符合要求、安全措施齐全、各用电装置处于断开状态的情况下，进行这项检查。

（4）试运转前的检查。在电气设备经过试验达到交接试验标准、有关的工艺机械设备均正常的情况下，再进行系统性检查，合格后才能按系统逐项进行初送电和试运转。

1.3.1.3　检验的方法

（1）直观检查。用简单工具，如线坠、直尺、水平尺、钢卷尺、塞尺、力矩扳手、普通扳手、试电笔等进行实测及用眼看、手摸、耳听等方法进行检查。电气管线、配电柜、箱的垂直度、水平度、母线的连接状态等项目，通常采用这种检查方式。

（2）仪器测量。使用专用的测试设备、仪器进行检查。线路绝缘检查、接地电阻测定、电气设备耐压试验等，均采用这种检验方式。

1.3.1.4　工程质量等级评定

按照我国现行标准，分项、分部、单位工程质量的评定等级只分为"合格"与"优良"两个等级。在质量评定表中，合格用○表示，优良用√表示。

（1）检验批质量评定标准。分项工程分成一个或若干个检验批来验收。检验批合格质量应符合下列规定：

1）主控项目和一般项目的质量经抽样检验合格；

2）具有完整的施工操作依据、质量检查记录。

主控项目是保证工程安全和使用功能的重要检验项目，是对安全、卫生、环境保护和公众利益起决定性作用的检验项目，是确定该检验批主要性能的，要求必须达到。

一般项目是除主控项目以外的检验项目，是指保证工程安全和使用功能基本要求的项目，也是应该达到的，只不过对不影响工程安全和使用功能的可以适当放宽一些。

例如，导管内穿线和槽盒内敷线检验批质量验收见表1-1。

表 1-1　导管内穿线和槽盒内敷线检验批质量验收记录表

工程名称			分项工程名称		验收部位	
施工单位			专业工长		项目经理	
施工执行标准名称及编号						
分包单位			分包项目经理		施工班组长	
施工质量验收规范规定					施工单位检查评定记录	监理（建设）单位验收记录
主控项目	1	同一交流回路的绝缘导线的敷设		第14.1.1条		
	2	除设计要求以外，不同回路、不同电压等级和交流与直流线路的绝缘导线的敷设		第14.1.2条		
	3	绝缘导线接头设置		第14.1.3条		

工程名称			分项工程名称		验收部位	
施工单位			专业工长		项目经理	
施工执行标准 名称及编号						
分包单位			分包项目经理		施工班组长	
施工质量验收规范规定					施工单位检查 评定记录	监理(建设) 单位验收记录
一般项目	1	除塑料护套线外，绝缘导线的保护		第14.2.1条		
	2	电线、电缆管内清扫和管口处理		第14.2.2条		
	3	接线盒(箱)的选用		第14.2.3条		
	4	同一建(构)筑物的绝缘导线绝缘层颜色的选择		第14.2.4条		
	5	槽盒内敷线		第14.2.5条		
施工单位检查 评定结果			项目专业质量检查员：　　年　　月　　日			
监理(建设) 单位验收结论			监理工程师 (建设单位项目专业技术负责人)　　年　　月　　日			

(2)分项工程质量评定标准。对于分项工程的质量评定，由于涉及分部工程、单位工程的质量评定的工程能否验收，所以应仔细评定，以确定能否验收。

要求：分项工程所含的检验批均应符合合格质量的规定；分项工程所含的检验批的质

量验收记录应完整。

分项工程质量应由监理工程师(建设单位项目专业技术负责人)组织项目专业技术负责人等进行验收,并按表 1-2 记录。

例:

表 1-2 分项工程质量验收记录

工程名称		结构类型		检验批数	
施工单位		项目经理		项目技术负责人	
分包单位		分包单位负责人		分包项目经理	
序号	检验批部位、区段		施工单位检查评定结果	监理(建设)单位验收结论	
1					
2					
3					
4					
5					
6					
7					
8					
9					
10					
11					
12					
13					
14					
15					
16					
检查结论	项目专业技术负责人 年　月　日		验收结论	监理工程师 (建设单位项目专业技术负责人) 年　月　日	

（3）分部工程质量评定标准。

1）合格。所含分项工程的质量全部合格。

2）优良。所含分项工程的质量全部合格，其中有 50％及以上为优良（建筑安装工程中，必须含指定的主要分项工程）。

例如建筑电气分部（子分部）工程验收见表 1-3。

表 1-3　建筑电气分部（子分部）工程验收记录表

工程名称	大厦	结构类型	框架剪力	层数	地下一层 地上 28 层
施工单位		技术部门 负责人		质量部门 负责人	
分包单位	/	分包单位 负责人	/	分包技术 负责人	/

序号	分项工程名称	检验批数	施工单位检查评定	监理（建设）单位验收意见
1	成套配电柜、控制柜（屏、台）和动力、照明配电箱（盘）安装	共 31 份	合格	
2	电线导管、电缆导管和线槽敷设	共 48 份	合格	
3	电线、电缆穿管和线槽敷设	共 31 份	合格	
6	电缆头制作、接线和线路绝缘测试	共 6 份	合格	
7	普通灯具安装	共 31 份	合格	
8	专用灯具安装	共 2 份	合格	
9	建筑物景观照明灯、航空障碍标志灯和庭院灯安装	共 1 份	合格	
10	开关、插座、风扇安装	共 31 份	合格	
11	建筑物照明通电试运行	共 1 份	合格	
质量控制质料		完整并符合要求		
安全和功能检验（检测）报告		符合要求		
观感质量验收		符合要求		
验收结论 （由监理或 建设单位填写）	合格	施工单位项目经理：　　　　　　　　　　　年　月　日		
		分包单位项目经理：　　　　　　　　　　　年　月　日		
		勘察单位项目负责人：　　　　　　　　　　年　月　日		
		设计单位项目负责人：　　　　　　　　　　年　月　日		
		总监理工程师： （建设单位项目专业负责人）　　　　　年　月　日		

(4)单位工程质量评定标准。

1)合格。

①所含分部工程的质量全部合格。

②质量保证资料应基本齐全。

③观感质量的评定得分率达到70％及以上。

2)优良。

①所含分部工程的质量全部合格，其中有50％及以上优良，建筑工程必须含主体与装饰工程，以建筑设备安装工程为主的单位工程，其指定的分部工程必须优良。

②质量保证资料应基本齐全。

③观感质量的评定得分率达到85％及以上。

3)单位工程观感质量评定得分标准如下：

①抽查或全数检查合格为四级，得分70％。

②抽查或全数检查优良占20％～49％为三级，得分80％。

③抽查或全数检查优良占50％～79％为二级，得分90％。

④抽查或全数检查优良占80％及以上为一级，得分100％。

⑤抽查或全数检查有一个不合格为五级，不得分。

单位工程由专业技术负责人组织评定，由工程质量监督站核定；单项工程由栋号负责人(工长)组织评定，由施工单位质检员核定；分部工程由施工队一级负责人组织评定，由施工单位质检员核定。

例如建筑电气工程观感质量检查记录见表1-4。

表1-4 建筑电气工程观感质量检查记录

工程名称		地下室											施工单位				
序号	项目	抽查情况												质量评价		
														好	一般	差
1	配电箱、盘板、接线盒	√	√	√	√	√	√	√	√	√	√			√		
2	设备器具、开关、插座	√	√	√	√	√	○	√	√	√	√			√		
3	线路敷设	√	√	√	√	√	√	√	√	√	√			√		
4	防雷、接地	√	√	○	√	√	√	√	√	√	√			√		
5																
观感质量综合评定		好														
专业技术负责人： 施工单位项目经理： 　　　　　年 月 日		专业监理工程师： (建设单位项目负责人) 　　　　　　　年 月 日														

1.3.2 建筑电气安装工程竣工验收

建筑电气工程验收是检验评定工程质量的重要环节，是施工的最后阶段，是必须履行的法定手续。

1.3.2.1 工程验收的依据

(1)甲、乙双方签订的工程合同。

(2)现行国家的施工验收规范。

(3)上级主管部门的有关文件。

(4)施工图纸、设计文件、设备技术说明及产品合格证。

(5)对从国外引进的新技术或成套设备项目，还应该按照签订的合同和国外提供的设计文件等资料进行验收。

1.3.2.2 需验收的工程应达到的标准

(1)设备调试、试运转达到设计要求，运转正常。

(2)施工现场清理完毕。

(3)工程项目按合同和设计图纸要求全部施工完毕，达到国家规定的质量标准。

(4)交工时所需的资料齐全。

1.3.2.3 验收的检查内容

(1)交工工程项目一览表。

(2)图纸会审记录。

(3)质量检查记录。

(4)材料、设备的合格证。

(5)施工单位提出的有关电气设备使用注意事项文件。

(6)工程结算材料、文件和签证单。

(7)交(竣)工工程验收证明书。

(8)根据质量检验评定标准要求，进行质量等级评定。

▶ 项目总结

电气安装工程施工技术是一门重要的专业课。建筑电气技术发展很快，新技术、新材料、新工艺不断涌现，所以需要不断学习新知识、新技术，并在提高操作技能上多下功夫，尽快把自己塑造成一个懂专业、会操作的应用型人才。

建筑电气工程施工的依据是电气施工图、建筑电气施工安装规范、标准和有关图集、图册。

电气工程施工分为三大阶段，即施工准备阶段、施工阶段和竣工验收阶段。在电气安装施工阶段，电气工程与土建工程配合是非常重要的工作，做好预埋、预留既能保证建筑物的美观，又能保证电气装置的安装质量。

在电气安装工程施工过程中，应将质量评定资料填写好，应认真检查，详细填写，不应在工程竣工后突击填写。质量检验的程序是：先分项工程，再分部工程，最后是单位工程。质量检查分三个阶段，即施工前检查、施工期的检查和施工后的检查。其中，施工期的检查尤为重要，对于不按施工验收规范施工的做法应严加制止并及时纠正。

工程质量评定的等级为合格、优良。对于工程质量评定的不合格工程，应返工限期整改，整改后的工程只能评定为合格工程，不能再评优良工程，所以，在质量评定前应做好自检、互检、专检工作。

工程竣工后，应及时做好竣工验收工作，准备好各种交工验收资料。

▶ 简 答 题

(1)电气施工的依据是什么？

(2)电气施工图包括哪些内容？

(3)在建筑电气施工安装工程中，常用的安装工程规范、标准有哪些？

(4)建筑电气工程施工分为哪三大阶段？

(5)施工现场的准备工作一般都包括哪些内容？

(6)电气安装工程质量检验的形式有哪几种？

(7)工程质量评定分为哪两个等级？

(8)分项工程质量合格的条件是什么？

(9)分部(子分部)工程质量合格的条件是什么？

(10)单位(子单位)工程质量合格的条件是什么？

(11)建筑电气安装工程竣工验收时，应提交哪些技术资料？

项目 2　建筑电气安装常用材料、工具和仪表

知识目标

1. 掌握绝缘导线型号的表示方法。
2. 了解建筑电气工程施工常用材料的规格型号和使用场所。
3. 掌握建筑电气工程施工常用工具、器具及仪表的正确使用方法。

能力目标

1. 能识别各种绝缘导线。
2. 能根据施工图纸正确选择、使用建筑电气施工中常用工具、材料及仪表。

2.1　建筑电气安装常用材料的认识

2.1.1　常用绝缘导线

建筑电气室内配线工程常用绝缘导线按其绝缘材料分为橡皮绝缘和聚氯乙烯绝缘；按线芯材料分为铜线和铝线；按线芯性能分为硬线和软线。通常按型号加以表示及区分。绝缘导线的型号及主要特点见表 2-1。

表 2-1　绝缘导线的型号及主要特点

名称	类型	型号		主要特点
		铝芯	铜芯	
塑料绝缘电线	聚氯乙烯绝缘线	普通型	BLV、BLVV(圆形)、BLVVB(平形)	BV、BVV(圆形)、BVVB(平形)	这类电线的绝缘性能良好，制造工艺简便，价格较低。其缺点是对气候适应性能差，低温时变硬发脆，高温或日光照射下增塑剂容易挥发而使绝缘层老化快。因此，在未具备有效隔热措施的高温环境、日光经常照射或严寒地方，宜选择相应的特殊型塑料电线
		绝缘软线		BVR、RV、RVB(平形)、RVS(绞型)	
		阻燃型		ZR—RV、ZR—RVB(平形)、ZR—RVS(绞型)、ZR—RVV	
		耐热型	BLV105	BV105、RV—105	

名称	类型		型号		主要特点
			铝芯	铜芯	
塑料绝缘电线	丁腈聚氯乙烯复合绝缘软线	双绞复合物软线		RFS	这种电线具有良好的绝缘性能，并具有耐寒、耐油、耐腐蚀、不延燃、不易热老化等性能，在低温下仍然柔软，使用寿命长，远比其他型号的绝缘软线性能优良。适用于交流额定电压 250 V 及以下或直流电压 500 V 及以下的各种移动电器、无线电设备和照明灯座的连接线
		平形复合物软线		RFB	
橡皮绝缘电线	棉纱编织橡皮绝缘线		BLX	BX	这类电线弯曲性能较好，对气温适应较广，玻璃丝编织线可用于室外架空线或进户线。但是由于这两种电线生产工艺复杂，成本较高，已被塑料绝缘线所取代
	玻璃丝编织橡皮绝缘线		BBLX	BBX	
	氯丁橡皮绝缘线		BLXF	BXF	这种电线绝缘性能良好，且耐油、不易霉、不延燃、适应气候性能好，光老化过程缓慢，老化时间约为普通橡皮绝缘电线的两倍，因此适宜于室外敷设。由于绝缘层机械强度比普通橡皮线弱，因此不推荐用于穿管敷设

2.1.2 绝缘材料

电工常用的绝缘材料按其化学性质不同，可分为无机绝缘材料、有机绝缘材料和混合绝缘材料。常用的无机绝缘材料有云母、石棉、大理石、瓷器、玻璃、硫黄等，主要用作电机及电器的绕组绝缘、开关的底板和绝缘子等。有机绝缘材料有虫胶、树脂、橡胶、棉纱、纸、麻、人造丝等，大多用以制造绝缘漆及绕组导线的被覆绝缘物等。混合绝缘材料是由以上两种材料经过加工制成的各种成型绝缘材料，用作电器的底座、外壳等。

2.1.2.1 绝缘油

绝缘油主要用来填充变压器、油开关、浸渍电容器和电缆等。绝缘油在变压器和油开关中，起着绝缘、散热和灭弧作用。在使用中常常受到水分、温度、金属、机械混杂物、光线及设备清洗的干净程度等外界因素的影响。这些因素会加速油的老化，使油的使用性能变坏，而影响设备的安全运行。

2.1.2.2 树脂

树脂是有机凝固性绝缘材料。电工常用树脂有虫胶（洋干漆）、酚醛树脂、环氧树脂、聚氯乙烯、松香等。

（1）天然树脂（虫胶）。天然树脂（虫胶）是东南亚一种植物寄生虫的分泌物，市场上的虫胶为淡黄色或红褐色的薄而脆的小片。其易容于酒精中，胶粘力强，对云母、玻璃等的黏附力大。虫胶主要是用作洋干漆原料。

（2）环氧树脂。常见的环氧树脂是由二酚基丙烷与环氧丙烷在苛性钠溶液的作用下缩合而成的。按分子量的大小分类，有低分子量和高分子量两种。电工用环氧树脂以低分子量为主。这种树脂收缩性小，黏附力强，防腐性能好，绝缘强度高，广泛用作电压、电流互感器和电缆接头的浇筑物。

目前，国产环氧树脂有 E—51、E—44、E—42、E—35、E—20、E—14、E—12、E—06 等。前四种属于低分子量环氧树脂；后四种属于高分子量环氧树脂。

（3）聚氯乙烯。聚氯乙烯是热缩性合成树脂，性能较稳定，有较高的绝缘性能，耐酸、耐蚀，能抵抗大气、日光、潮湿的作用，可用作电缆和导线的绝缘层和保护层。还可以做成电气安装工种中常用的聚氯乙烯管和聚氯乙烯带等。

2.1.2.3 绝缘漆

按其用途可分为浸渍漆、涂漆和胶合漆等。浸渍漆用来浸渍电机和电器的线圈，如沥青漆（黑凡立水）、清漆（清凡立水）和醇酸树脂漆（热硬漆）等；涂漆用来涂刷线圈和电机绕组的表面，如沥青晾干漆、灰磁漆和红磁漆等；胶合漆用于粘合各种物质，如沥青漆和环氧树脂等。

绝缘漆的稀释剂主要有汽油、煤油、酒精、苯、松节油等。不同的绝缘漆要正确地选用不同的稀释剂，切不可千篇一律。

2.1.2.4 橡胶和橡皮

橡胶分为天然橡胶和人造橡胶两种。其特性是弹性大、不透气、不透水，且有良好的绝缘性能。但纯橡胶在加热和冷却时，都容易失去原有的性能，所以，在实际应用中常把一定数量的硫黄和其他填料加在橡胶中，然后再经过特别的热处理，使橡胶能耐热和耐冷，这种经过处理的橡胶即称为橡皮。含硫黄 25%～50% 的橡皮称为硬橡皮，含硫黄 2%～5% 的橡皮称为软橡皮。软橡皮弹性大，有较高的耐湿性，广泛地用于电线和电缆的绝缘，以及制作橡皮包带、绝缘保护用具（手套、长筒靴及橡皮毡等）。

人造橡胶是碳氢化合物的合成物。这种橡胶的耐磨性、耐热性、耐油性都比天然橡胶要好，但造价比天然橡胶高。人造橡胶中做耐油、耐腐蚀用的氯丁橡胶、丁腈橡胶和硅橡胶等都广泛应用于电气工程中，如丁腈耐油橡胶管作为环氧树脂电缆头引出线的堵油密封层，硅橡胶用来制作电缆头附件等。

2.1.2.5 玻璃丝(布)

电工用玻璃丝（布）是用无碱、铝硼硅酸盐的玻璃纤维制成的。其耐热性高、吸潮性小、柔软、抗拉强度高、绝缘性能好，因而，用其做成许多种绝缘材料，如玻璃丝带、玻璃丝布、玻璃纤维管、玻璃丝胶木板以及电线的编织层等。电缆接头中常用无碱玻璃丝带作为绝缘包扎材料，其机械强度好、吸湿性小、绝缘性能好。

2.1.2.6 绝缘包带

绝缘包带又称绝缘包布,在电气安装工程中主要用于电线、电缆接头的绝缘。绝缘包带的种类很多,最常用的有以下几种:

(1)黑胶布带。黑胶布带又称黑胶布,用于电线接头时作为包缠用绝缘材料。其是用干燥的棉布,涂上有黏性、耐湿性的绝缘剂制成。

(2)橡胶带。橡胶带主要用于电线接头时作包缠绝缘材料,有生橡胶带和混合橡胶带两种。其规格一般宽为 20 mm,厚为 0.1~1.0 mm,每盘长度为 7.5~8 m。

(3)塑料绝缘带。采用聚氯乙烯和聚乙烯制成的绝缘胶粘带都称为塑料绝缘胶带。在聚氯乙烯和聚乙烯薄膜上涂敷胶粘剂,卷切而成。塑料绝缘带可以代替布绝缘胶带,也能作绝缘防腐密封保护层,一般可在 -15 ℃~+60 ℃内使用。

2.1.2.7 电瓷

电瓷是用各种硅酸盐和氧化物的混合物制成的。电瓷的性质是在抗大气作用上有极大的稳定性、有很高的机械强度、绝缘性和耐热性,不易表面放电。电瓷主要用于制造各种绝缘子、绝缘套管、灯座、开关、插座和熔断器等。

2.1.3 管材及其支持材料

2.1.3.1 金属管

配管工程中常用的金属管有厚壁钢管、薄壁钢管、金属波纹管和普利卡金属套管四类。厚壁钢管又称焊接钢管或低压流体输送钢管(水煤气管),有镀锌和不镀锌之分。薄壁钢管又称电线管。

(1)厚壁钢管(水煤气钢管)。水煤气钢管用作电线、电缆的保护管,可以暗配于一些潮湿场所或直埋于地下,也可以沿建筑物、墙壁或支吊架敷设。明敷设一般在生产厂房中应用较多。

(2)薄壁钢管(电线管)。电线管多用于敷设在干燥场所的电线、电缆的保护管,可以明敷或暗敷。

(3)金属波纹管。金属波纹管也称金属软管或蛇皮管,主要用于设备上的配线,如冷水机组、水泵等。其是用 0.5 mm 以上的双面镀锌薄钢带加工压边卷制而成,扎缝处有的加石棉垫,有的不加,其规格尺寸与电线管相同。

(4)普利卡金属套管。普利卡金属套管是电线电缆保护套管的更新换代产品,其种类很多,但其基本结构类似,都是由镀锌钢带卷绕成螺纹状,属于可挠性金属套管。其具有搬运方便、施工容易等特点,可用于各种场合的明、暗敷设和现浇混凝土内的暗敷设。

2.1.3.2 塑料管

建筑电气工程中常用的塑料管有硬质塑料管(PVC 管)、半硬质塑料管和软塑料管。

(1)硬质塑料管(PVC 管)。PVC 硬质塑料管适用于民用建筑或室内有酸、碱腐蚀性介质的场所。由于塑料管在高温下机械强度下降,老化加速,因此,环境温度在 40 ℃ 以上的高温场所不应使用。在经常发生机械冲击、碰撞、摩擦等易受机械损伤的场所也不应使用。

PVC 塑料管应具有耐热、耐燃、耐冲击等性能,并有产品合格证,内外径应符合现行国家统一标准。外观检查管壁壁厚应均匀一致,无凸棱、凹陷、气泡等缺陷。在电气线路中使用的硬质 PVC 塑料管必须有良好的阻燃性能。PVC 塑料管配管工程中,应使用与管材相配套的各种难燃材料制成的附件。

(2)半硬质塑料管。半硬质塑料管多用于一般居住建筑和办公建筑等干燥场所的电气照明工程中,暗敷布线。

半硬质塑料管可分为难燃平滑塑料管和难燃聚氯乙烯波纹管(简称塑料波纹管)两种。

2.1.3.3 U 形管卡

U 形管卡用圆钢揻制而成,安装时与钢管壁接触,两端用螺母紧固在支架上,如图 2-1 所示。

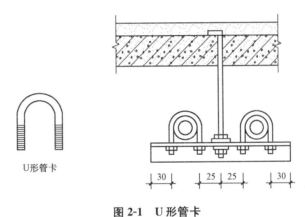

U 形管卡

图 2-1 U 形管卡

2.1.3.4 鞍形管卡

鞍形管卡用钢板或用扁钢制成,与钢管壁接触,两端用木螺钉、胀管直接固定在墙上,如图 2-2 所示。

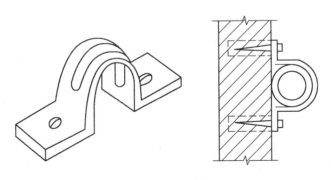

图 2-2 鞍形管卡

2.1.3.5 塑料管卡

用木螺钉、胀管将塑料管卡直接固定在墙上，然后用力将塑料管压入塑料管卡中，如图 2-3 所示。

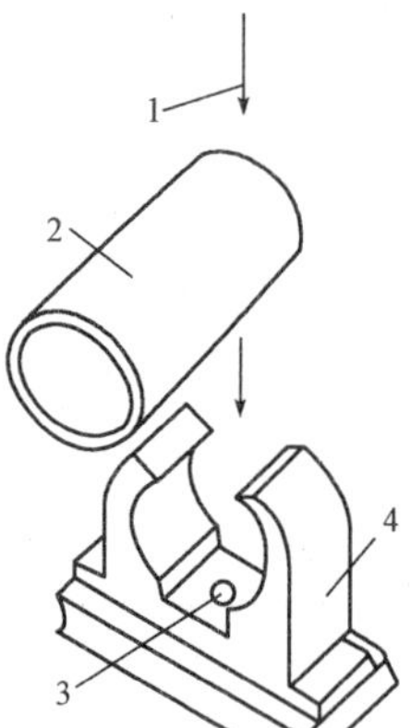

2.1.4 固结材料

常用的固结材料除一般常见的圆钉、扁头钉、自攻螺钉、铝铆钉及各种螺钉外，还有直接固结于硬质基体上所采用的水泥钉、射钉、塑料胀管和膨胀螺栓。

2.1.4.1 水泥钢钉

水泥钢钉是一种直接打入混凝土、砖墙等的手工固结材料。钢钉应有出厂合格证及产品说明书。操作时最好先将钢钉钉入被固定件内，再往混凝土、砖墙等上钉。

图 2-3 塑料管卡

1—按此方向向下压；2—塑料电线管；

3—安装固定孔；4—开口管卡

2.1.4.2 射钉

射钉是采用优质钢材，经过加工处理后制成的新型固结材料，具有很高的强度和良好的韧性。射钉与射钉枪、射钉弹配套使用，利用射钉枪去发射钉弹，使弹内火药燃烧释放的能量，将各种射钉直接钉入混凝土、砖砌体等其他硬质材料的基体中，将被固定件直接固定在基体上。利用射钉固结，便于现场及高空作业，施工快速简便，劳动强度低，操作安全可靠。射钉分为普通射钉、螺纹射钉和尾部带孔射钉。射钉杆上的垫圈起导向定位作用，一般用塑料或金属制成。尾部有螺纹的射钉便于在螺纹上直接拧螺钉。尾部带孔的射钉用于悬挂连接件。射钉弹、射钉和射钉枪必须配套使用。常用射钉形状如图 2-4 所示。

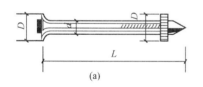 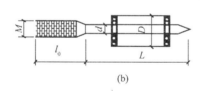 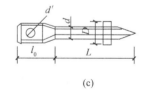

(a)   (b)   (c)

图 2-4 射钉构造示意图

(a)—一般射钉(平头射钉)；(b)螺纹射钉；(c)带孔射钉

2.1.4.3 膨胀螺栓

膨胀螺栓由底部呈锥形的螺栓、能膨胀的套管、平垫圈、弹簧垫片及螺母组成，如图 2-5 所示，用电锤或冲击钻钻孔后安装于各种混凝土或砖结构上。螺栓自铆，可代替预埋螺栓，铆固力强，施工方便。

安装膨胀螺栓，用电锤钻孔时，钻孔位置要一次定准，一次钻成，避免位移、重复钻孔，造成"孔崩"。钻孔直径与深度，应符合膨胀螺栓的使用要求。一般在强度低的基体(如砖结构)上打孔，其钻孔直径要比膨胀螺栓直径缩小 1～2 mm。钻孔时，钻头应与操作平面垂直，不得晃动和来回进退，以免孔眼扩大，影响锚固力。当钻孔遇到钢筋时，应避开钢筋，重新钻孔。膨胀螺栓的安装方法如图 2-6 所示。

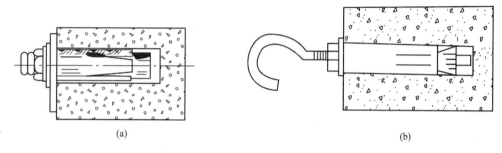

图 2-5　膨胀螺栓

（a)沉头式膨胀螺栓；(b)吊钩式膨胀螺栓

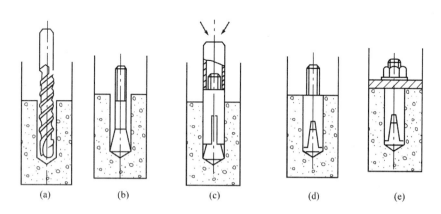

图 2-6　膨胀螺栓安装方法

（a)钻孔；(b)清除灰渣，放入螺栓；(c)锤入套管；

（d)套管胀开，上端与地坪齐；(e)设备就位后，紧固螺母

2.1.4.4　塑料胀管

塑料胀管是以聚乙烯、聚丙烯为原料制成的，如图 2-7 所示。这种塑料胀管比膨胀螺栓的抗拉、抗剪能力要低，适用于静定荷载较小的材料。使用塑料胀管，当往胀管内拧入木螺钉时，应顺胀管导向槽拧入，不得倾斜拧入，以免损坏胀管。

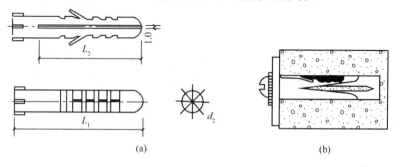

图 2-7　塑料胀管

（a)塑料胀管外形图；(b)塑料胀管安装示意图

2.2 建筑电气安装常用工具的使用

2.2.1 电工工具

2.2.1.1 低压验电器

低压验电器又称测电笔(简称电笔),有数字显示式和发光式两种。数字显示式测电笔如图 2-8 所示;发光式低压验电笔又有钢笔式和螺丝刀式(又称旋凿式或起子式)两种,如图 2-9 所示。

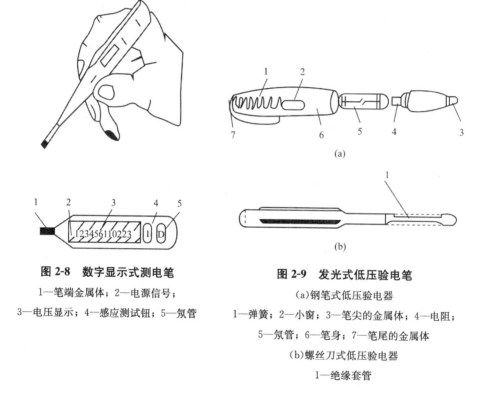

图 2-8 数字显示式测电笔

1—笔端金属体;2—电源信号;

3—电压显示;4—感应测试钮;5—氖管

图 2-9 发光式低压验电笔

(a)钢笔式低压验电器

1—弹簧;2—小窗;3—笔尖的金属体;4—电阻;

5—氖管;6—笔身;7—笔尾的金属体

(b)螺丝刀式低压验电器

1—绝缘套管

发光式低压验电器使用时,必须手指触及笔尾的金属部分,并使氖管小窗背光且朝自己,以便观测氖管的亮暗程度,防止因光线太强造成错误判断。其使用方法如图 2-10 所示。

当用电笔测试带电体时,电流经带电体、电笔、人体及大地形成通电回路,只要带电体与大地之间的电位差超过 60 V 时,电笔中的氖管就会发光。低压验电器检测的电压范围为 60~500 V。

使用低压验电笔的注意事项:

(1)使用前,必须在有电源处对验电器进行测试,以证明该验电器确实良好,方可使用。

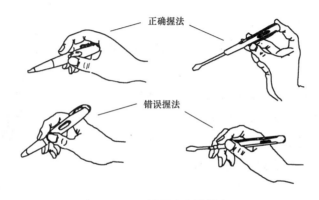

正确握法

错误握法

图 2-10 低压验电笔握法

(2)验电时,应使验电器逐渐靠近被测物体,直至氖管发亮,不可直接接触被测体。

(3)验电时,手指必须触及笔尾的金属体,否则带电体也会错误判断为非带电体。

(4)验电时,要防止手指触及笔尖的金属部分,以免造成触电事故。

2.2.1.2 高压验电器

高压验电器主要用来检验设备对地电压在 250 V 以上的高压电气设备。目前,广泛采用的有发光型、声光型、风车式三种类型。它们一般都是由检测部分(指示器部分或风车)、绝缘部分、握手部分三大部分组成。绝缘部分是指自指示器下部金属衔接螺钉起至罩护环止的部分;握手部分是指罩护环以下的部分。其中,绝缘部分、握手部分根据电压等级的不同其长度也不相同。10 kV 高压验电器结构如图 2-11 所示;高压验电笔握法如图 2-12所示。

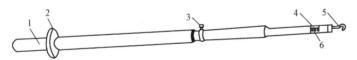

图 2-11 10 kV 高压验电器结构

1—把柄;2—护环;3—固紧螺钉;

4—氖管窗;5—金属钩;6—氖管

使用高压验电器的注意事项:

(1)使用的高压验电器必须是经电气试验合格的验电器,高压验电器必须定期试验,确保其性能良好。

(2)使用的高压验电器必须穿戴高压绝缘手套、绝缘鞋,并有专人监护。

(3)在使用验电器之前,除应首先检验电器是否良好、有效外,还应在电压等级相适应的带电设备上检验报警正确,方能到需要接地的设备上验电,禁止使用电压等级不对应的验电器进行验电,以免现场测验时得出错误的判断。

(4)验电时必须精神集中,不能做与验电无关的事,如接打手机等,以免错验或漏验。

(5)使用验电器进行验电时,必须将绝缘杆全部拉出到位。

(6)对线路的验电应逐相进行，对联络用的断路器或隔离开关或其他检修设备验电时，应在其进出线两侧各相分别验电。

(7)对同杆塔架设的多层电力线路进行验电时，先验低压，后验高压，先验下层，后验上层。

(8)在电容器组上验电，应待其放电完毕后再进行。

(9)验电时让验电器顶端的金属工作触头逐渐靠近带电部分，至氖管发光或发出声响报警信号为止，不可直接接触电气设备的带电部分，验电器不应受邻近带电体的影响，以致发出错误的信号。

(10)验电时如果需要使用梯子时，应使用绝缘材料的牢固梯子，并应采取必要的防滑措施，禁止使用金属材料梯。

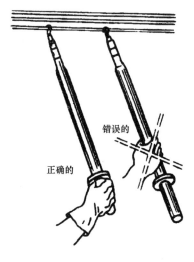

图 2-12　高压验电笔握法

(11)验电完备后，应立即进行接地操作，验电后因故中断未及时进行接地，若需要继续操作必须重新验电。

2.2.1.3　电工刀

电工刀是用来剖削电线线头、切割木台缺口、削制木榫的专用工具。其外形如图 2-13 所示。

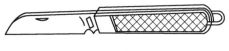

图 2-13　电工刀

剥导线绝缘层时，刀口朝外切以 45°角倾斜推削，用力要适当，不可以损伤导线金属体。电工刀的刀口应在单面上磨出呈圆弧状的刃口。在剖削绝缘体的绝缘层时，必须使用圆弧状刀面贴在导线上进行切割，这样刀口就不易损伤线芯。图 2-14 所示为电工刀剖削线头的方法。

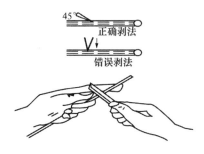

图 2-14　电工刀剖削线头的方法

使用电工刀时的注意事项：

(1)不得用于带电作业，以免触电。

(2)应将刀口朝外剖削，并注意避免伤及手指。

(3)剖削导线绝缘层时，应使刀面与导线成较小的锐角，以免割伤导线。

(4)使用完毕，随即将刀身折进刀柄。

2.2.1.4 螺钉旋具

螺钉旋具又称螺丝刀、起子，主要用来紧固和拆卸螺钉。螺钉旋具的种类很多，按头部形状不同分为"一"字形和"十"字形两种；按柄部材料和结构不同分为木柄和塑料柄两种。

使用螺丝刀时，螺丝刀较大时，除大拇指、食指和中指要夹住握柄外，手掌还要顶住柄的末端以防旋转时滑脱；螺丝刀较小时，用大拇指和中指夹着握柄，同时，用食指顶住柄的末端用力旋动；螺丝刀较长时，用右手压紧手柄并转动，同时，左手握住起子的中间部分(不可放在螺钉周围，以免将手划伤)，以防止起子滑脱。螺钉旋具如图 2-15 所示。

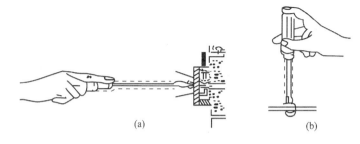

图 2-15 螺钉旋具的使用方法

(a)大螺钉旋具的使用方法；(b)小螺钉旋具的使用方法

使用螺丝刀时的注意事项：

(1)带电作业时，手不可触及螺丝刀的金属杆，以免发生触电事故。

(2)作为电工，不应使用金属杆直通握柄顶部的螺丝刀。

(3)为防止金属杆触到人体或邻近带电体，金属杆应套上绝缘管。

2.2.1.5 钢丝钳

钢丝钳在电工作业时，用途广泛。钳口可用来弯绞或钳夹导线线头；齿口可用来紧固或起松螺母；刀口可用来剪切导线或钳削导线绝缘层；侧口可用来铡切导线线芯、钢丝等较硬线材。钢丝钳的构造及各用途如图 2-16 所示。

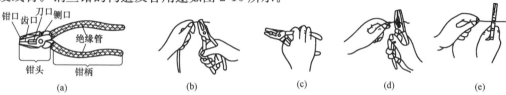

图 2-16 钢丝钳的构造及用途

(a)构造；(b)弯绞导线；

(c)紧固螺母；(d)剪切导线；(e)铡切钢丝

使用钢丝钳时的注意事项：

（1）使用前，应检查钢丝钳绝缘是否良好，以免带电作业时造成触电事故。

（2）在带电剪切导线时，不得用刀口同时剪切不同电位的两根线（如相线与零线、相线与相线等），以免发生短路事故。

2.2.1.6 尖嘴钳

尖嘴钳因其头部尖细，适用于在狭小的工作空间操作。尖嘴钳有铁柄和绝缘柄两种。绝缘柄的耐压为 500 V，其外形如图 2-17 所示。

图 2-17 尖嘴钳

尖嘴钳可用来剪断较细小的导线；可用来夹持较小的螺钉、螺帽、垫圈、导线等；也可用来对单股导线整形（如平直、弯曲等）。若使用尖嘴钳带电作业，应检查其绝缘是否良好，并在作业时注意金属部分不要触及人体或邻近的带电体。

2.2.1.7 断线钳

断线钳又称斜口钳，专用于剪断各种电线电缆。钳柄有铁柄、管柄和绝缘柄三种形式。其中，电工用的绝缘柄断线钳的外形如图 2-18 所示。

对粗细不同、硬度不同的材料，应选用大小合适的断线钳。

2.2.1.8 剥线钳

剥线钳是专用于剥削较细小导线绝缘层的工具，其外形如图 2-19 所示。

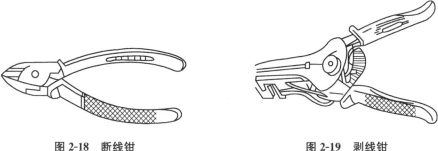

图 2-18 断线钳   图 2-19 剥线钳

使用剥线钳剥削导线绝缘层时，先将要剥削的绝缘长度用标尺定好，然后将导线放入相应的刃口中（比导线直径稍大），再用手将钳柄一握，导线的绝缘层即被剥离。

2.2.1.9 液压钳

液压钳用于进行导线的连接和端接，其外形如图 2-20 所示。

图 2-20 液压钳

液压钳使用时的注意事项：

(1)接导线时，压到上、下压模微触即可。若在上、下压模微触后继续加压，则会损坏零件。

(2)使用液压钳时，钳头和压模禁止敲击，以免变形和损坏。

(3)不宜在酸、碱及腐蚀性气体中使用。

(4)液压钳须保持有足够的、洁净的 32 号机油。

2.2.1.10　扳手

常用的扳手有活动扳手、梅花扳手、套筒扳手和扭矩扳手。

(1)活动扳手。活动扳手又称活络扳头，是用来紧固和起松螺母的一种专用工具。活络扳手由头部和柄部组成。头部由活络扳唇、扳口、蜗轮和轴销等构成。旋动蜗轮可以调节扳口的大小。活络扳手的规格用"长度×最大开口宽度"(单位：mm)来表示，电工常用的活络扳手有 150 mm×19 mm、200 mm×24 mm、250 mm×30 mm 和 300 mm×36 mm 四种规格。

使用活络扳手时的注意事项：

1)扳动大螺母时，需要较大力矩，手应握在近尾柄处，如图 2-21(a)所示。

2)扳动小螺母时，需要力矩不大，但螺母过小易打滑，故手应握在近头部的地方，如图 2-21(b)所示，可随时调节蜗轮，收紧活络扳唇防止打滑。

图 2-21　活络扳手的用法

(a)扳动大螺母；(b)扳动小螺母

3)注意活络扳手不可反用，以免损坏扳唇，也不可用钢管来接长柄加较大的扳拧力矩，并且不能代替撬棒和手锤使用。

(2)梅花扳手。梅花扳手是用来紧固和起松螺母的一种专用工具，有单头和双头之分。其外形如图 2-22 所示。双头梅花扳手的两端都有一个梅花孔，它们分别与两种相邻规格的螺母相对应。

图 2-22　梅花扳手外形

(a)双头梅花扳手；(b)单头梅花扳手

(3)套筒扳手。套筒扳手外形如图 2-23 所示，其用来拧紧或旋松有沉孔的螺母，或在无法使用活动扳手的地方使用。套筒扳手由套筒和手柄两部分组成。套筒应配合螺母规格选用，它与螺母配合紧密，不伤螺栓。套筒扳手使用时省力，工作效益高。

图 2-23　套筒扳手外形

(4)扭矩扳手。扭矩扳手是在有些连接螺栓要求定值扭矩进行拧紧时使用。这里介绍一下 TL 型预置扭矩扳手。TL 型预置扭矩扳手外形如图 2-24 所示，其具有预设扭矩数值和声响装置。当紧固件的拧紧扭矩达到预设数值时，能自动发出讯号"咔嗒"（click）的一声，同时伴有明显的手感振动，提示完成工作。解除作用力后，扳手各相关零件能自动复位。

图 2-24　TL 型预置扭矩扳手

扭矩扳手的使用方法：

1)根据工件所需扭矩值的要求，确定预设扭矩值。

2)预设扭矩值时，将扳手手柄上的锁定环下拉，同时转动手柄，调节标尺主刻度线和微分刻度线数值至所需扭矩值。调节好后，松开锁定环，手柄自动锁定。

3)在扳手方榫上安装相应规格的套筒，并套住紧固件，再在手柄上缓慢用力。施加外力时必须按标明的箭头方向。当拧紧到发出信号"咔嗒"（click）的一声（已达到预设扭矩值），停止加力。一次作业完毕。

4)大规格扭矩扳手使用时，可外加接长套杆以便操作省力。

5)如长期不用，调节标尺刻线退至扭矩最小数值处。

扭矩扳手使用时的注意事项：

1)使用时不能用力过猛，不能超出扭矩范围使用，听到讯号后应及时解除作用力。

2)扳手应轻拿轻放，不得代替榔头敲打。

3)存放在干燥处，以免日久锈蚀。

4)大规格扭矩扳手采用加力杆，操作时与扳手手柄连接，使工作省力。

2.2.2 安装工具

2.2.2.1 电钻

电钻是一种在金属、塑料及类似材料上钻孔的工具，是电动工具中较早开发的产品。电钻的种类有台式钻床、手提式、手枪式，以及冲击电钻。

电钻常用的钻头是麻花钻，柄部是用来夹持、定心和传递动力的，钻头直径为 13 mm 以下的，一般制成直柄式；钻头直径为 13 mm 以上的，一般制成锥柄式。手电钻结构如图 2-25(a)所示；麻花钻的外形如图 2-25(b)所示。

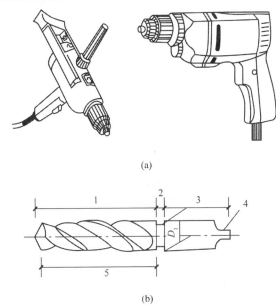

(a)

(b)

图 2-25　手电钻和麻花钻示意图

(a)手电钻；(b)麻花钻

1—工作部分；2—颈部；3—柄部；

4—扁尾；5—导向部分

2.2.2.2 冲击电钻

冲击电钻是一种旋转带冲击的工具，主要用于轻质混凝土、砖墙或类似材料上钻孔，被广泛应用于建筑、水电安装、电信线路、机械施工等部门。

冲击电钻如图 2-26 所示，一般制成可调式结构。当调节环在旋转无冲击位置时，装上普通麻花钻头能在金属上钻孔；当调节环在旋转带冲击位置时，装上镶有硬质合金的钻头，能在砖石、混凝土等脆性材料上钻孔，单一的冲击是非常轻微的，但每分钟 40 000 多次的冲击频率可产生连续的力。

2.2.2.3 电锤

电锤是电钻中的一类，主要用来在混凝土、楼板、砖墙和石材上钻孔还有多功能电锤，调节到适当位置配上适当钻头可以代替普通电钻、电镐使用。

电锤如图 2-27 所示，是依靠旋转和捶打来工作的。钻头为专用的电锤钻头，如图 2-28 所示，单个锤打力非常高，并具有每分钟 1 000～3 000 次的捶打频率，可产生显著的力。电锤凿孔时，电锤应垂直于作业面，不允许电锤钻在孔内左右摆动，否则会影响成孔质量和损坏电锤钻。在凿深孔时，应注意电锤钻的排屑情况，及时将电锤钻退出，反复掘进，不可贪功冒进，以免出屑困难使电锤钻发热磨损，降低凿孔效率。

图 2-26　冲击电钻

图 2-27　电锤

图 2-28　电锤钻头

2.2.2.4　射钉枪

射钉枪又称射钉器，是现代射钉紧固技术产品，能发射射钉，属于直接固结技术，是木工、建筑施工等必备的手动工具。射钉器击发射钉，直接打入钢铁、混凝土和砖砌体或岩石等基体中，不需要外带能源如电源、风管等，因为射钉弹自身含有可产生爆炸性推力的药品，把钢钉直接射出，从而将需要固定的构件，如门窗、保温板、隔声层、装饰物、管道、钢铁件、木制品等与基体牢固地连接在一起，如图 2-29 所示。

图 2-29　射钉枪

2.2.3 其他工具

2.2.3.1 管子台虎钳

管子台虎钳，又称管子压力钳、龙门钳，是常用的管道工具。其用于夹稳金属管，进行铰制螺纹、切断及连接管子等作业。图 2-30 所示为管子台虎钳。

图 2-30 管子台虎钳

2.2.3.2 管子钳

管子钳一般用来夹持和旋转钢管类工件，广泛用于石油管道和民用管道安装。管子钳可以通过钳住管子使它转动完成连接，其工作原理就是将钳力转换进入扭力，用在扭动方向的力更大也就能将管道钳得更紧。图 2-31 所示为管子钳。

图 2-31 管子钳

2.2.3.3 管子割刀

管子割刀是专用于管子切割的工具。图 2-32 所示为金属管割刀；图 2-33 所示为 PVC 管子割刀。

图 2-32 金属管割刀

图 2-33　PVC 管子割刀

2.2.3.4　弯管器

弯管器的种类很多，最简单的是弹簧弯管器，如图 2-34 所示；最常用的是液压弯管器，如图 2-35 所示。

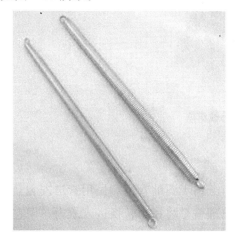

图 2-34　弹簧弯管器

图 2-35　液压弯管器

2.2.3.5　电动切管套丝机

电动切管套丝机用于加工《55°密封管螺纹　第 2 部分：圆锥内螺纹与圆锥外螺纹》(GB/T 7306.2)标准的牙形角 55°圆锥管外螺纹，其主要功能有套丝、切管及倒角等功能。图 2-36 所示为电动切管套丝机外形图。

图 2-36　电动切管套丝机外形图

2.3　建筑电气安装常用仪表的使用

在电工作业中，为了判断电气设备的故障和运行情况是否正常，人们除在实践中凭借经验进行观察分析外，还经常需要借助仪表进行测量，以提供电压、电流、电阻等参数的数据。正确使用电工仪表不仅是技术上的要求，而且对人身安全也是非常重要的。

2.3.1　钳形电流表

在施工现场临时需要检查电气设备的负载情况或线路流过的电流时，若用普通电流表，就要先把线路断开，然后把电流表串联到电路中，费时费力，很不方便。如果使用钳形电流表，就无须把线路断开，可直接测出负载电流的大小。

(1)钳形电流表的基本结构及外形。钳形电流表实质上是由一只电流互感器、钳形扳手和一只整流式磁电系有反作用力仪表所组成。其结构如图 2-37 所示。

(2)钳形电流表的使用方法。

1)在测量之前，应根据被测电流大小、电压的高低选择适当的量程。若对被测量值无法估计时，应从最大量程开始，逐渐变换合适的量程，但不允许在测量过程中切换量程挡，即应松开钳口换挡后再重新夹持载流导体进行测量。

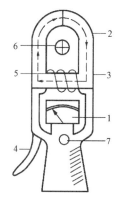

图 2-37　交流钳形电流表结构示意图
1—电流表；2—电流互感器；3—铁芯；
4—手柄；5—二次绕组；6—被测导线；7—量程开关

2)测量时，为使测量结果准确，被测载流导体的位置应放在钳形口的中央。钳口要紧密接合，如遇有杂音时可重新开口一次再闭合。若杂音仍存在，应检查错口有无杂物和污垢，待清理干净后再进行测量。

3)测量小电流时，为了获得较准确的测量值，可以设法将被测载流导线多绕几圈夹进钳口进行测量。但此时仪表测量的不是欲测的电流值，应当把读数除以导线绕的圈数才是实际的电流值。

4)测量完毕后，一定要把仪表的量程开关置于最大量程位置上，以防下次使用时忘记换量程而损害仪表。使用完毕后，将钳形电流表放入匣内保存。

(3)钳形电流表使用时的注意事项：

1)应在无雷雨、干燥的天气下进行测量，一般情况一人操作，一人监护，夜间还要有足够的照明。测量时，手与带电部分的安全距离应保持在 10 cm 以上。遇雷雨天气，禁止在户外使用。

2)测量裸导体上的电流时，要特别注意防止引起相间短路或接地短路。

3)钳形电流表要轻拿轻放，防止振动，不要随意存放，应存放在专用箱内，以免受潮。

4)钳形电流表一般用于测量配电变压器低压侧或电动机的电流,严禁在高压线路上使用,以免击穿绝缘触电。

2.3.2 万用表

万用表又称为复用表、多用表、三用表、繁用表等,是电力电子等部门不可缺少的测量仪表,一般以测量电压、电流和电阻为主要目的。万用表按显示方式分为指针万用表和数字万用表,是一种多功能、多量程的测量仪表,一般万用表可测量直流电流、直流电压、交流电流、交流电压、电阻和音频电平等,有的还可以测交流电流、电容量、电感量及半导体的一些参数(如 β)等。

2.3.2.1 指针式万用表

(1)万用表的基本结构及外形。万用表主要由指示部分、测量电路和转换装置三部分组成。指示部分通常为磁电式微安表,俗称表头;测量部分是把被测的电量转换为适合表头要求的微小直流电流,通常包括分流电路、分压电路和整流电路;不同种类电量的测量及量程的选择是通过转换装置来实现的。万用表的外形如图 2-38 所示。

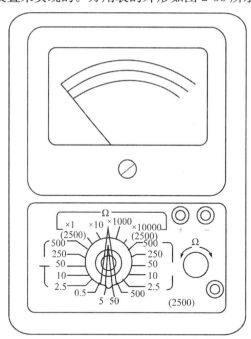

图 2-38 MF25 型万用表面板

(2)万用表的使用方法。

1)端钮(或插孔)选择要正确。红色表笔连接线要接到红色端钮上(或标有"+"号的插孔内),黑色表笔的连接线应接到黑色端钮上(或接到标有"—"号的插孔内)。有的万用表备有交、直流 2 500 V 的测量端钮,使用时黑色测试棒仍接黑色端钮(或"—"号插孔内),而红色测试棒接到 2 500 V 的端钮上(或"DB"插孔内)。

2)转换开关位置的选择要正确。根据测量对象将转换开关转到需要的位置上。如测量电流时，应将转换开关转到相应的电流挡，测量电压时转到相应的电压挡。有的万用表面板上有两个转换开关，一个用来选择测量种类；另一个用来选择测量量程。使用时应先选择测量种类，然后选择测量量程。

3)量程选择要合适。根据被测量的大致范围，将转换开关转至该种类的适当量程上。测量电压或电流时，最好使指针在量程的 1/2～2/3 的范围内，这样读数较为准确。

4)正确进行读数。在万用表的标度盘上有很多标度尺，它们分别适用于不同的被测对象。因此，测量时，在对应的标度尺上读数的同时，还应注意标度尺读数和量程挡的配合，以避免差错。

5)欧姆挡的正确使用。

①选择合适的倍率挡。测量电阻时，倍率挡的选择应以使指针停留在刻度线较稀的部分为宜。指针越接近标度尺的中间，则读数越准确；越向左时刻度线越密，读数的准确度则越差。

②调零。测量电阻之前，应将两根测试棒碰在一起，同时转动"调零旋钮"，使指针刚好指在欧姆标度尺的零位上，这一步骤称为欧姆挡调零。每换一次欧姆挡，测量电阻之前都要重复这一步骤，从而保证测量的准确性。如果指针不能调到零位，说明电池电压不足，需要更换。

③不能带电测量电阻。测量电阻时，万用表是由干电池供电的，被测电阻绝不能带电，以免损坏表头。在使用欧姆挡间隙中，不要让两根测试棒短接，以免浪费电池。

(3)指针万用表使用时的注意事项。

1)在使用万用表时要注意，手不可触及测试棒的金属部分，以保证安全和测量的准确度。

2)在测量较高电压或较大电流时，不能带电转动转换开关，否则有可能使开关烧坏。

3)万用表用完后，最好将转换开关转到交流电压最高量程挡，此挡对万用表最安全，以防下次测量时疏忽而损坏万用表。

4)当测试棒接触被测线路前应再作一次全面的检查，看一看各部分位置是否有误。

2.3.2.2 数字万用表

现在，数字式测量仪表已成为主流，有取代模拟式仪表的趋势。与模拟式仪表相比，数字式仪表灵敏度高，准确度高，显示清晰，过载能力强，便于携带，使用更简单。下面以 VC9802 型数字万用表为例(图 2-39)，简单介绍其使用方法和注意事项。

(1)使用方法。

1)使用前，应认真阅读有关的使用说明书，熟悉电源开关、量程开关、插孔、特殊插口的作用。

2)将电源开关置于 ON 位置。

3)交直流电压的测量：根据需要将量程开关拨至 DCV(直流)或 ACV(交流)的合适量程，红表笔插入 V/Ω 孔，黑表笔插入 COM 孔，并将表笔与被测线路并联，读数即显示。

4)交直流电流的测量：将量程开关拨至 DCA(直流)或 ACA(交流)的合适量程，红表笔插入 mA 孔(<200 mA 时)或 10 A 孔(>200 mA 时)，黑表笔插入 COM 孔，并将万用表串联在被测电路中即可。测量直流量时，数字万用表能自动显示极性。

图 2-39　VC9802 型
数字万用表

5)电阻的测量：将量程开关拨至 Ω 的合适量程，红表笔插入 V/Ω 孔，黑表笔插入 COM 孔。如果被测电阻值超出所选择量程的最大值，万用表将显示"1"，这时应选择更高的量程。测量电阻时，红表笔为正极，黑表笔为负极，这与指针式万用表正好相反。因此，测量晶体管、电解电容器等有极性的元器件时，必须注意表笔的极性。

(2)注意事项。

1)如果无法预先估计被测电压或电流的大小，则应先拨至最高量程挡测量一次，再视情况逐渐把量程减小到合适位置。测量完毕，应将量程开关拨至最高电压挡，并关闭电源。

2)满量程时，仪表仅在最高位显示数字"1"，其他位均消失，这时应选择更高的量程。

3)测量电压时，应将数字万用表与被测电路并联。测电流时应与被测电路串联，测直流量时不必考虑正、负极性。

4)当误用交流电压挡去测量直流电压，或者误用直流电压挡去测量交流电压时，显示屏将显示"000"，或低位上的数字出现跳动。

5)禁止在测量高电压(220 V 以上)或大电流(0.5 A 以上)时更换量程，以防止产生电弧，烧毁开关触点。

6)当显示"——""BATT"或"LOW BAT"时，表示电池电压低于工作电压。

2.3.3　兆欧表

兆欧表又称摇表。其刻度是以兆欧(MΩ)为单位的。兆欧表由中大规模集成电路组成，是电力、邮电、通信、机电安装和维修，以及利用电力作为工业动力或能源的工业企业部门常用而必不可少的仪表。其适用于测量各种绝缘材料的电阻值及变压器、电机、电缆及电器设备等的绝缘电阻。图 2-40 所示为兆欧表的外形。

图 2-40　兆欧表的外形

(1)兆欧表的选用。兆欧表在选用时，其电压等级应高于被测物体的绝缘电压等级。所以，测量额定电压在 500 V 以下的设备或线路的绝缘电阻时，可选用 500 V 或 1 000 V 兆欧表；测量额定电压在 500 V 以上的设备或线路的绝缘电阻时，应选用 1 000～2 500 V 兆欧表；测量绝缘子时，应选用 2 500～5 000 V 兆欧表。一般情况下，测量低压电气设备绝缘电阻时可选用 0～200 MΩ 量程的兆欧表。

(2)兆欧表使用前的检查。首先将被测的设备断开电源，并进行 2～3 min 的放电，以保证人身和设备的安全，这一要求对具有电容的高压设备尤其重要，否则绝不进行测量。

兆欧表测量之前，应做一次短路和开路试验。将兆欧表表笔"地"(E)、"线"(L)处于断开的状态，转动摇把，观察指针是否在"∞"处。再将兆欧表表笔"地"(E)、"线"(L)两端短接起来，缓慢转动摇把，观察指针是否在"0"处。如果上述检查时发现指针不能指到"∞"或"0"处，则表明兆欧表有故障，应检修后再用。

（3）兆欧表的使用方法。

1）兆欧表在使用时，必须正确接线。兆欧表上一般有三个接线柱，其中，L接在被测物和大地绝缘的导体部分，E接被测物的外壳或大地，G接在被测物的屏蔽上或不需要测量的部分。测量绝缘电阻时，一般只用"L"和"E"端，但在测量电缆对地的绝缘电阻或被测设备的漏电流较严重时，就要使用"G"端，并将"G"端接屏蔽层或外壳。线路接好后，可按顺时针方向转动摇把，摇动的速度应由慢而快，当转速达到120 r/min左右时，保持匀速转动，1 min后读数，并且要边摇边读数，不能停下来读数，如图2-41所示。

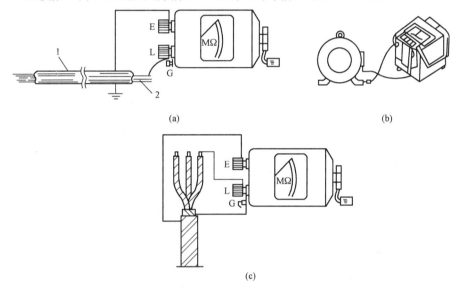

(a)

(b)

(c)

图2-41　兆欧表测量的接线方法

(a)测量照明或动力线路的绝缘电阻；
(b)测量电动机的绝缘电阻；(c)测量电缆线绝缘电阻
1—钢管；2—导线

2）摇测时，将兆欧表置于水平位置，摇把转动时其端钮间不许短路。摇动手柄应由慢渐快，若发现指针指零说明被测绝缘物可能发生了短路，这时就不能继续摇动手柄，以防表内线圈发热损坏。

3）读数完毕，将被测设备放电。放电方法是将测量时使用的地线从兆欧表上取下来与被测设备短接一下即可(不是兆欧表放电)。

（4）兆欧表使用时的注意事项。

1）禁止在雷电时或高压设备附近测绝缘电阻，只能在设备不带电，也没有感应电的情况下测量。

2)摇测过程中，被测设备上不能有人工作。

3)兆欧表线不能绞在一起，要分开。

4)兆欧表未停止转动之前或被测设备未放电之前，严禁用手触及。拆线时，也不要触及引线的金属部分。

5)测量结束时，对于大电容设备要放电。

6)兆欧表接线柱引出的测量软线绝缘应良好，两根导线之间和导线与地之间应保持适当距离，以免影响测量精度。

7)为了防止被测设备表面泄漏电阻，使用兆欧表时，应将被测设备的中间层(如电缆壳芯之间的内层绝缘物)接于保护环。

8)要定期校验其准确度。

2.3.4 接地电阻测量仪

接地电阻测量是用于接地电阻测量的专用仪表。常用的接地电阻测量仪主要有 ZC－8 型和 ZC－9 型等几种。

(1)接地电阻测量仪的构成及外形。ZC－8 型接地电阻测量仪由手摇发电机、电流互感器、滑线电阻及检流计等组成。全部机构都安装在铝合金铸造的便携式外壳内，由于外形与普通摇表(兆欧表)相似，因此一般又称为接地摇表。图 2-42 所示为 ZC－8 型接地电阻测量仪的外型。

(2)测量接地电阻前的准备工作及正确接线。接地电阻测量仪有三个接线端子和四个接线端子两种。其附件包括两支接地探测针和三条导线，其中，5 m 长的用于接地板，20 m 长的用于电位探测针，40 m 长的用于电流探测针。

测量前做机械调零和短路试验，将接线端子全部短路，慢慢摇动摇把，调整测量标度盘，使指针返回零位，这时指针盘零线、表盘零线大体重合，则说明仪表是好的。如图 2-43 所示，接好测量线。

图 2-42　ZC－8 型接地电阻测量仪的外型

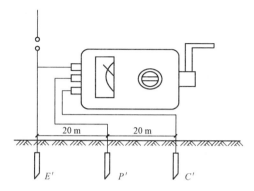

图 2-43　接地电阻测量仪接线图

(3)接地电阻测量仪的摇测方法。

1)选择合适的倍率。

2)以 120 r/min 的速度均匀地摇动仪表的摇把，旋转刻度盘，使指针指向表盘零位。

3)读数，接地电阻值为刻度盘读数乘以倍率。

(4)接地电阻测量仪使用时的注意事项。

1)需两人操作。

2)被测量电阻与辅助接地极三点所成直线，不得与金属管道或邻近的架空线路平行。

3)在测量时，被测接地极应与设备断开。

4)接地电阻测量仪不允许做开路试验。

➤ 项目总结

建筑电气安装常用绝缘材料有绝缘导线、绝缘油、树脂、聚氯乙烯、绝缘漆、橡胶和橡皮、玻璃丝(布)、绝缘包带、电瓷等。

建筑电气工程中常用的管材有金属管和塑料管。金属管有厚壁钢管、薄壁钢管、金属波纹管和普利卡套管四类。常用的塑料管有硬质塑料管(PVC 管)、半硬质塑料管和软塑料管。管卡有 U 形管卡、鞍形管卡、塑料管卡等。

常用的固结材料除一般常见的圆钉、扁头钉、自攻螺钉、铝铆钉及其他螺钉外，还有直接固结于硬质基体上的水泥钉、射钉、塑料胀管和膨胀螺栓。

常用的工具有电工工具、安装工具和其他工具。电工工具包括低压验电笔、高压验电器、电工刀、螺钉旋具、钢丝钳、尖嘴钳、断丝钳、剥线钳、液压钳、扳手等。安装工具包括电钻、冲击电钻、电锤、射钉枪等。其他工具包括管子台虎钳、管子钳、管子割刀、弯管器、电动切管套丝机等。

常用的仪表有钳形电流表、万用表、兆欧表、接地电阻测量仪等，熟练掌握它们的使用方法。

➤ 简答题

(1)常用的绝缘导线的型号及主要特点有哪些?

(2)低压测电笔的用途是什么?

(3)电气施工时常用的紧固材料有哪些?

(4)管材种类有哪些? 分别有什么适用条件?

(5)简述膨胀螺栓的安装过程。

(6)描述冲击电钻和电锤的不同点。

(7)如何判别兆欧表的好坏?

(8)钳形电流表测电流时应注意哪些事项?

项目 3 室内配线工程施工

1. 掌握线管配线的方法。
2. 掌握普利卡金属线管敷设。
3. 掌握线槽配线施工方法。
4. 掌握钢索配线的方法。
5. 掌握硬母线安装的方法。
6. 掌握各种绝缘导线的连接方法。

1. 能按施工图配管,掌握施工方法。
2. 能熟悉普利卡金属套管敷设的操作方法。
3. 能掌握线槽敷设的操作方法。
4. 能进行钢索吊管配线施工。
5. 能根据施工工艺,正确安装硬母线。
6. 能正确进行各种绝缘导线的连接。

3.1 室内配线的方式、基本原则和一般要求与施工程序

3.1.1 室内配线的方式

敷设在建筑物内的配线,统称室内配线,也称室内配线工程。根据房屋建筑结构及要求的不同,室内配线又分为明配和暗配两种。明配是敷设于墙壁、顶棚的表面及桁架等处;暗配是敷设于墙壁、顶棚、地面及楼板等处的内部,一般是先预埋管子,然后再向管内穿线。

按配线敷设方式,分为硬塑料管配线、半硬塑料管配线、钢管配线、普利卡金属套管配线、金属线槽配线、瓷夹和瓷瓶配线、塑料护套线配线、塑料线槽配线及钢索配线、桥

架配线等。

3.1.2 室内配线的基本原则和一般要求

3.1.2.1 室内配线的基本原则

室内配线首先应符合电气装置安装的基本原则，具体如下：

(1)安全。室内配线及电器设备必须保证安全运行。因此，施工时选用的电器设备和材料应符合图纸要求，必须是合格产品。施工中对导线的连接、接地线的安装以及导线的敷设等均应符合质量要求，以确保运行安全。

(2)可靠。室内配线是为了供电给用电设备而设置的，必须合理布局，安装牢固。

(3)经济。在保证安全可靠运行和发展的可能条件下，应该考虑其经济性，选用最合理的施工方法，尽量节约材料。

(4)方便。室内配线应保证操作运行可靠，使用和维修方便。

(5)美观。室内配线施工时，配线位置及电器安装位置的选定，应注意不要损坏建筑物的美观，且应有助于建筑物的美化。

配线施工除考虑以上几条基本原则外，还应使整个线路布置合理、整齐、安装牢固。在整个施工过程中，还应严格按照其技术要求，进行合理的施工。

3.1.2.2 室内配线工程基本规范的要求

(1)配线工程的施工应按已批准的设计进行。当需要修改设计时，应经原设计单位同意方可进行。

(2)采用的器材及其运输和保管。器材应符合国家现行标准的有关规定；当产品有特殊要求时，还应符合产品技术文件的规定。

(3)器材到达施工现场后，应按下列要求进行检查：

1)技术文件应齐全。

2)型号、规格及外观质量应符合设计要求和规范的规定。

(4)配线工程施工中的安全技术措施应符合现行规范和国家标准及产品技术文件的规定。

(5)配线工程施工前。建筑工程应符合下列要求：

1)对配线工程施工有影响的模板、脚手架等应拆除，杂物应清除。

2)对配线工程会造成污损的建筑装修工作应全部结束。

3)在埋有电线保护管的大型设备基础模板上，应标有测量电线保护管引出口坐标和高程用的基准点或基准线。

4)埋入建筑物、构筑物内的电线保护管、支架、螺栓等预埋件，应在建筑工程施工时预埋。

5)预留孔、预埋件的位置和尺寸应符合设计要求，预埋件应埋设牢固。

(6)配线工程施工结束后，应将施工中造成的建筑物、构筑物的孔、洞、沟槽等修补完整。

(7)电气线路经过建筑物、构筑物的沉降缝或伸缩缝处，应装设两端固定的补偿装置，导线应留有余量。

(8)电气线路沿发热体表面敷设时，与发热体表面的距离应符合设计规定。

(9)电气线路与管道间的最小距离，应符合表 3-1 的规定。

表 3-1　电气线路与管道间的最小距离　　　　　　　　　　　　　　　　mm

管道名称	配线方式		穿管配线	绝缘导线明配线	裸导线配线
蒸汽管	平行	管道上	1 000	1 000	1 500
		管道下	500	500	1 500
	交叉		300	300	1 500
暖气管、热水管	平行	管道上	300	300	1 500
		管道下	200	200	1 500
	交叉		100	100	1 500
通风、给水排水及压缩空气管	平行		100	200	1 500
	交叉		50	100	1 500

注：1. 对蒸汽管道，当在管外包隔热层后，上下平行距离可减至 200 mm；

　　2. 暖气管，热水管应设隔热层；

　　3. 对裸导线，应在裸导线处加装保护网。

(10)配线工程采用的管卡、支架、吊钩、拉环和盒(箱)等黑色金属附件，均应镀锌或涂防锈漆。

(11)配线工程中非带电金属部分的接地和接零应可靠。

3.1.2.3　配线基本规范的要求

(1)配线所采用的导线型号、规格应符合设计规定。当设计无规定时，不同敷设方式导线线芯的最小截面应符合表 3-2 的规定。

表 3-2　不同敷设方式导线线芯的最小截面

敷设方式			线芯最小截面/mm²		
			铜芯软线	铜线	铝线
敷设在室内绝缘支持件上的裸导线			—	2.5	4.0
敷设在绝缘支持件上的绝缘导线其支持点间距 L/m	$L \leq 2$	室内	—	1.0	2.5
		室外	—	1.5	2.5
	$2 < L \leq 6$		—	2.5	4.0
	$6 < L \leq 12$		—	2.5	6.0
穿管敷设的绝缘导线			1.0	1.0	2.5
槽板内敷设的绝缘导线			—	1.0	2.5
塑料护套线明敷			—	1.0	2.5

(2)配线的布置应符合设计的规定。当设计无规定时，室外绝缘导线与建筑物、构筑物之间的最小距离应符合表 3-3 的要求；室内、室外绝缘导线之间的最小距离应符合表 3-4 的要求；室内、室外绝缘导线与地面之间的最小距离应符合表 3-5 的要求。

表 3-3　室外绝缘导线与建筑物、构筑物之间的最小距离

敷设方式		最小距离/mm
水平敷设的垂直距离	距阳台、平台、屋顶	2 500
	距下方窗户上口	300
	距上方窗户下口	800
垂直敷设时至阳台窗户的水平距离		750
导线至墙壁和构架的距离(挑檐下除外)		50

表 3-4　室内、室外绝缘导线之间的最小距离

固定点间距/m	导线最小间距/mm	
	室内配线	室外配线
1.5 及以下	35	100
1.5~3.0	50	100
3.0~6.0	70	100
6.0 以上	100	150

表 3-5　室内、室外绝缘导线与地面之间的最小距离

敷设方式	最小距离/m	
水平敷设	室内	2.5
	室外	2.7
垂直敷设	室内	1.8
	室外	2.7

(3)导线的连接应符合下列要求：

1)当设计无特殊规定时，导线的芯线应采用焊接、压板压接或套管连接。

2)导线与设备、器具的连接应符合下列要求：

①截面为 10 mm² 及以下的单股铜芯线和单股铝芯线可直接与设备、器具的端子连接。

②截面为 2.5 mm² 及以下的多股铜芯线的线芯应先拧紧搪锡或压接端子后再与设备、器具的端子连接。

③多股铝芯线和截面大于 2.5 mm² 的多股铜芯线的终端，除设备自带插接式端子外，应焊接或压接端子后再与设备、器具的端子连接。

3)熔焊连接的焊缝不应有凹陷、夹渣、断股、裂缝及根部未焊合的缺陷；焊缝的外形 5

尺寸应符合焊接工艺评定文件的规定,焊接后应清除残余焊剂和焊渣。

4)锡焊连接的焊缝应饱满,表面光滑;焊剂应无腐蚀性,焊接后应清除残余焊剂。

5)压板或其他专用夹具应与导线线芯规格相匹配;紧固件应拧紧到位,防松装置应齐全。

6)套管连接器和压模等应与导线线芯规格相匹配;压接时,压接深度、压口数量和压接长度应符合产品技术文件的有关规定。

7)剖开导线绝缘层时,不应损伤芯线;芯线连接后,绝缘带应包缠均匀紧密,其绝缘强度不应低于导线原绝缘层的绝缘强度;在接线端子的根部与导线绝缘层间的空隙处应采用绝缘带包缠严密。

8)在配线的分支线连接处,干线不应受到支线的横向拉力。

(4)瓷夹、瓷柱、瓷瓶、塑料护套线和槽板配线在穿过墙壁或隔墙时,应采用经过阻燃处理的保护管保护;当穿过楼板时应采用钢管保护,其保护高度与楼面的距离不应小于1.8 m,但在装设开关的位置,可与开关高度相同。

(5)入户线在进墙的一段应采用额定电压不低于500 V的绝缘导线;穿墙保护管的外侧应有防水弯头,且导线应弯成滴水弧状后方可引入室内。

(6)在顶棚内由接线盒引向器具的绝缘导线应采用可挠金属电线保护管或金属软管等保护,导线不应有裸露部分。

(7)塑料绝缘导线和塑料槽板敷设处的环境温度不应低于−15 ℃。

(8)明配线的水平和垂直允许偏差应符合表3-6的规定。

表3-6 明配线的水平和垂直允许偏差

配线种类	允许偏差/mm	
	水平	垂直
瓷夹配线	5	5
瓷柱或瓷瓶配线	10	5
塑料护套线配线	5	5
槽板配线	5	5

(9)当配线采用多相导线时,其相线的颜色应易于区分,相线与零线的颜色应不同,同一建筑物、构筑物内导线的颜色选择应统一;保护地线(PE线)应采用黄绿相间的绝缘导线;零线宜采用淡蓝色绝缘导线。

(10)配线工程施工后,应进行各回路的绝缘检查,绝缘电阻值应符合现行国家标准《电气装置安装工程 电气设备交接试验标准》(GB 50150)的有关规定,并应做好记录。

(11)配线工程施工后,保护地线(PE线)连接应可靠。对带有漏电保护装置的线路应做模拟动作试验,并应做好记录。

3.1.3 室内配线的施工程序

(1)根据施工图纸,确定电器安装位置、导线敷设途径及导线穿过墙壁和楼板的位置。

(2)在土建抹灰前,将配线所有的固定点打好孔洞,埋设好支持构件,同时,配合土建工程做好预留、预埋工作。

(3)装设绝缘支持物、线夹、支架或保护管。

(4)敷设导线。

(5)安装灯具及电气设备。

(6)测试导线绝缘,连接导线。

(7)校验、自检、试通电。

3.2 线管配线

把绝缘导线穿入管内敷设,称为线管配线。这种配线方式比较安全可靠,可避免腐蚀气体的侵蚀和遭受机械损伤,更换电线方便。在工业与民用建筑中使用最为广泛。

线管配线通常有明配和暗配两种。明配是把线管敷设于墙壁、桁架等表面明露处,要求横平竖直、整齐美观。暗配是把线管敷设于墙壁、地坪或楼板内等处,要求管路短、弯曲少,以便于穿线。

线管配线常使用的线管有水煤气钢管(又称焊接钢管,分为镀锌和不镀锌两种,其管径以内径计算)、电线管(管壁较薄、管径以外径计算)、硬塑料管、半硬塑料管、塑料波纹管、软塑料管和软金属管(俗称蛇皮管)等。

3.2.1 线管配线的要求

3.2.1.1 线管配线的一般要求

(1)敷设在多尘或潮湿场所的电线保护管,管口及其各连接处均应密封。

(2)当线路暗配时,电线保护管宜沿最近的路线敷设,并应减少弯曲。埋入建筑物、构筑物内的电线保护管,与建筑物、构筑物表面的距离不应小于15 mm。

(3)进入落地式配电箱的电线保护管,排列应整齐,管口宜高出配电箱基础面50~80 mm。

(4)电线保护管不宜穿过设备或建筑物、构筑物的基础;当必须穿过时,应采取保护措施。

(5)电线保护管的弯曲处不应有折皱、凹陷和裂缝,且弯扁程度不应大于管外径的10%。

(6)电线保护管的弯曲半径应符合下列规定:

1)当线路明配时，弯曲半径不宜小于管外径的 6 倍；当两个接线盒间只有一个弯曲时，其弯曲半径不宜小于管外径的 4 倍。

2)当线路暗配时，弯曲半径不应小于管外径的 6 倍；当埋设于地下或混凝土内时，其弯曲半径不应小于管外径的 10 倍。

(7)当电线保护管遇下列情况之一时，中间应增设接线盒或拉线盒，且接线盒或拉线盒的位置应便于穿线：

1)管长度每超过 30 m，无弯曲。

2)管长度每超过 20 m，有一个弯曲。

3)管长度每超过 15 m，有两个弯曲。

4)管长度每超过 8 m，有三个弯曲。

(8)垂直敷设的电线保护管遇下列情况之一时，应增设固定导线用的拉线盒：

1)管内导线截面为 50 mm^2 及以下，长度每超过 30 m。

2)管内导线截面为 70~95 mm^2，长度每超过 20 m。

3)管内导线截面为 120~240 mm^2，长度每超过 18 m。

(9)水平或垂直敷设的明配电线保护管，其水平或垂直安装的允许偏差为 1.5‰，全长偏差不应大于管内径的 1/2。

(10)在 TN—S、TN—C—S 系统中，当金属电线保护管、金属盒(箱)、塑料电线保护管、塑料盒(箱)混合使用时，金属电线保护管和金属盒(箱)必须与保护地线(PE 线)有可靠的电气连接。

3.2.1.2 塑料管敷设的要求

(1)管口平整光滑；管与管、管与盒(箱)等器件采用插入法连接时，连接处接合面涂专用胶合剂，接口牢固密封。

(2)直埋于地下或楼板内的刚性绝缘导管，在穿出地面或楼板易受机械损伤的一段应采取保护措施。

(3)当设计无要求时，埋设在墙内或混凝土内的绝缘导管采用中型以上的导管。

(4)沿建筑物、构筑物表面和在支架上敷设的刚性绝缘导管，按设计要求装设温度补偿装置。

(5)导管和线槽在建筑物变形缝处应设补偿装置。

(6)当绝缘导管在砌体上剔槽埋设时，应采用强度等级不小于 M10 的水泥砂浆抹面保护，保护层厚度大于 15 mm。

3.2.1.3 金属导管和金属线槽敷设要求

(1)金属导管和线槽必须接地(PE)或接零(PEN)可靠，并应符合下列规定：

1)镀锌的钢导管、可挠性导管和金属线槽不得熔焊跨接接地线，以专用接地卡跨接的两卡间连线为铜芯软导线，截面面积不小于 4 mm^2。

2)当非镀锌钢导管采用螺纹连接时，连接处的两端熔焊跨接接地线；当镀锌钢导管采用螺纹连接时,连接处的两端用专用接地卡固定跨接接地线。

3)金属线槽不作设备的接地导体,当设计无要求时,金属线槽全长不少于2处与接地(PE)或接零(PEN)干线连接。

4)非镀锌金属线槽间连接板的两端跨接铜芯接地线,镀锌线槽间连接板的两端不跨接接地线,但连接板两端不少于2个有防松螺帽或防松垫圈的连接固定螺栓。

(2)金属导管严禁对口熔焊连接;镀锌和壁厚小于或等于2 mm的钢导管不得套管熔焊连接。

(3)防爆导管不应采用倒扣连接;当连接有困难时,应采用防爆活接头,其接合面应严密。

(4)室外埋地敷设的电缆导管,埋深不应小于0.7 m。壁厚小于或等于2 mm的钢电线导管不应埋设于室外土壤内。

(5)室外导管的管口应设置在盒、箱内。在落地式配电箱内的管口,箱底无封板的,管口应高出基础面50~80 mm。所有管口在穿入电线、电缆后应做密封处理。由箱式变电所或落地式配电箱引向建筑物的导管,建筑物一侧的导管管口应设在建筑物内。

(6)电缆导管的弯曲半径不应小于电缆最小允许弯曲半径。

(7)金属导管内外壁应做防腐处理;埋设于混凝土内的导管内壁应做防腐处理,外壁可不做防腐处理。

(8)室内进入落地式柜、台、箱、盘内的导管管口,应高出柜、台、箱、盘的基础面50~80 mm。

(9)暗配的导管,埋设深度与建筑物、构筑物表面的距离不应小于15 mm;明配的导管应排列整齐,固定点间距均匀,安装牢固;在终端、弯头中点或柜、台、箱、盘等边缘的距离150~500 mm范围内设有管卡,中间直线段管卡间的最大距离应符合表3-7的规定。

表3-7 管卡间的最大距离

敷设方式	导管种类	导管直径/mm				
		15~20	25~32	32~40	50~65	65以上
		管卡间最大距离/m				
支架或沿墙明敷	壁厚>2 mm刚性钢导管	1.5	2.0	2.5	2.5	3.5
	壁厚≤2 mm刚性钢导管	1.0	1.5	2.0	—	—
	刚性绝缘导管	1.0	1.5	1.5	2.0	2.0

(10)防爆导管敷设应符合下列规定:

1)导管间及与灯具、开关、线盒等的螺纹连接处紧密牢固,除设计有特殊要求外,连接处不跨接接地线,在螺纹上涂以电力复合酯或导电性防锈酯;

2)安装牢固顺直,镀锌层锈蚀或剥落处做防腐处理。

3.2.2 线管配线

线管配线必须符合一定的要求,在此基础上还要包括线管选择、线管加工、线管连接、线管敷设和穿线等几道工序。

3.2.2.1 线管选择

线管选择主要从以下三个方面考虑：

(1)线管类型的选择。根据使用场合、使用环境、建筑物类型和工程造价等因素选择合适的线管类型。一般明配于潮湿场所和埋于地下的管子，均应使用厚壁钢管；明配或暗配于干燥场所的钢管，宜使用薄壁钢管。硬塑料管适用于室内或有酸、碱等腐蚀介质的场所，但不得在高温和易受机械损伤的场所敷设。半硬塑料管和塑料波纹管适用于一般民用建筑的照明工程暗敷设，但不得在高温场所敷设。软金属管多用来作为钢管和设备的过渡连接。

(2)线管管径的选择。可根据线管的类型和穿线的根数参照表 3-8 选择合适的管径。

表 3-8　单芯导线穿管选择表

线芯截面/mm²	焊接钢管(管内导线根数)									电线管(管内导线根数)									线芯截面/mm²
	2	3	4	5	6	7	8	9	10	10	9	8	7	6	5	4	3	2	
1.5	15		20		25					32				25		20			1.5
2.5	15		20		25					32				25		20			2.5
4	15	20			25			32		32				25			20		4
6	20			25		32				40	32				25			20	6
10	20	25	2	40			50							40		32	25		10
16	25		32		40	50									40	32			16
25		32	40		50		70									40	32		26
35	32	40	50			70		80								40			35
50	40	50		70			80												50
70	50		70		80														70
95	50		70		80														95
120	70		80																120
150	70		80																150
185	70	80																	185

(3)线管外观的选择。所选用的线管不应有裂缝和严重锈蚀，弯扁程度不应大于管外径的 10%，线管应无堵塞，管内应无铁屑及毛刺，切断口应锉平，管口应光滑。

3.2.2.2 线管加工

线管的加工主要包括线管的防腐、切割、套丝和弯曲等。不同的管材，其加工的方法和要求各有所不同。

(1)钢管的防腐处理。对于非镀锌钢管,为防止生锈,在配管前应对管子的内壁、外壁除锈、刷防腐漆。管子内壁除锈,可用圆形钢丝刷,两头各绑一根钢丝,穿过管子,来回拉动钢丝刷,把管内铁锈清除干净。管子外壁除锈,可用钢丝刷打磨,也可用电动除锈机。除锈后,将管子的内外表面涂以防腐漆。但钢管外壁刷漆要求与敷设方式有关:

1)埋入混凝土内的钢管外壁可不刷防腐漆。

2)直埋于土层内的钢管外壁应刷两道沥青或使用镀锌钢管。

3)采用镀锌钢管时,锌层剥落处应刷防腐漆。

4)埋入砖墙内的钢管应刷红丹漆等防腐漆。

5)明敷钢管应刷一道防腐漆,一道面漆(若设计无规定颜色,一般用灰色漆)。

6)设计有特殊要求时,应按设计规定进行防腐处理。电线管一般因为已刷防腐黑漆,故只需在管子焊接处、连接处以及漆脱落处补刷同样色漆。

(2)管子切割。在配管前,应根据所需实际长度对管子进行切割。钢管的切割方法很多,管子批量较大时,可以使用型钢切割机(无齿锯)。批量较小时可使用钢锯或割管器(管子割刀)。严禁用电、气焊切割钢管。

管子切断后,断口处应与管轴线垂直,管口应锉平、刮光,使管口整齐光滑。

硬质塑料管的切断多用钢锯条,硬质PVC塑料管也可以使用厂家配套供应的专用截管器截剪管子。应边转动管子边进行裁剪,使刀口易于切入管壁,刀口切入管壁后,应停止转动PVC管(以保证切口平整),继续裁剪,直至管子切断为止,如图3-1所示。

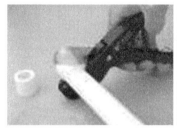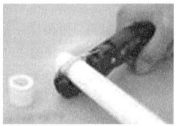

图 3-1　管子切割

(3)管子套丝。钢管敷设过程中管子与管子的连接,管子与器具以及与盒(箱)的连接,均需在管子端部套丝。水煤气钢管套丝可用管子绞板(图3-2)或电动套丝机、电线管套丝,也可用圆丝板。圆丝板由板牙和板牙架组成(图3-3)。

图 3-2　管子绞板

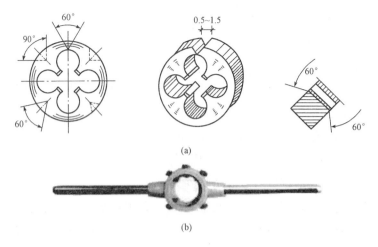

(a)

(b)

图 3-3 圆丝板

(a)板牙；(b)板牙架

套丝时，先将管子固定在管子台虎钳上，再把绞板套在管端，并调整绞板的活动刻度盘，使板牙符合需要的距离，且用固定螺丝固定，再调整绞板的 3 个支承脚，使其紧贴管子，防止套丝时出现斜丝。绞板调整好后，手握绞扳手柄，平稳向里推进，并按顺时针方法转动，如图 3-4 所示。

图 3-4　管子套丝

管端套丝长度与钢管丝扣连接的部位有关。用在与接线盒、配电箱连接处的套丝长度，不宜小于管外径的 1.5 倍；用于管与管相连部位时的套丝长度，不得小于管接头长度的 1/2 加 2～4 扣。

电线管的套丝，操作比较简单，只要把绞板放平，平稳地向里推进，即可以套出所需的丝扣来。

套完丝扣后，应随即清理管口，将管子端面毛刺处理光，使管口保持光滑，以免割破导线绝缘。

(4)管子弯曲。钢管的弯曲有冷揻和热揻两种。冷揻一般采用手动弯管器或电动弯管器。手动弯管器一般适用于直径 50 mm 以下钢管，且为小批量。若弯制直径较大的管子或批量较大时，可使用滑轮弯管器或电动(或液压)弯管机。用火加热弯管，只限于管径较大的黑铁管。

用弯管器弯管时，应根据管子直径选用，不得以大代小，更不能以小代大。把弯管器套在管子需要弯曲部位(即起弯点)，用脚踩住管子，扳动弯管器手柄，稍加一定的力，使管子略有弯曲，然后逐点向后移动弯管器，重复前次动作，直至弯曲部分的后端，使管子弯成所需要的弯曲半径和弯曲角度，如图 3-5 所示。

电动弯管机适用于大批量较大管子的揻弯。先按线管弯曲半径的要求选择模具，再将已画好线的管子放入弯管机模具内,使管子的起弯点对准弯管机的起弯点,然后拧紧夹具。开始弯管,当弯曲角度大于所需角度 $1°\sim2°$ 时停止,将弯管机退回起弯点,用样板测量弯曲半径和弯曲角度。使用弯管机时应注意所弯的管子外径一定要与弯管模具配合贴紧,否则管子会产生凹瘪现象。

用火加热揻弯时应先把管子内装满干燥的砂子,两端用木塞塞紧后,放在烘炉或焦炭火上加热,再放到模具上弯曲。也可以用气焊加热揻弯,先预热弯曲部分,然后从起弯点开始,边加热边弯曲,直到所需角度。为了保证弯曲质量,热揻法应确定管子的合适加热长度。

硬质塑料管的弯曲有冷揻和热揻两种。冷揻法只适用于硬质 PVC 塑料管。弯管时,将相应的弯管弹簧插入管内需要弯曲处,两手握住管弯处弹簧的部位,用手逐渐弯出所需要的弯曲半径来,如图 3-6 所示。采用热揻时,加热的方法可用喷灯、木炭,也可以用电炉子、碘钨灯等,但均应注意不能将管烤伤、变色。

图 3-5　用弯管器弯管　　　　　图 3-6　PVC 管冷弯曲

(5)线管连接。

1)钢管连接。钢管与钢管的连接有螺纹连接(管箍连接)、套管连接和紧定螺钉连接等方法。采用螺纹连接时,管端螺纹长度不应小于管接头长度的 1/2;连接后,其螺纹宜外露 $2\sim3$ 扣,螺纹表面应光滑、无缺损。采用套管连接时,套管长度宜为管外径的 $1.5\sim3$ 倍,管与管的对口处应位于套管的中心。套管采用焊接连接时,焊缝应牢固严密;采用紧定螺钉连接时,螺钉应拧紧。在振动的场所,紧定螺钉应有防松措施。镀锌钢管和薄壁钢管应采用螺纹连接或套管紧定螺钉连接,不应采用熔焊连接。

2)钢管与盒(箱)或设备的连接。暗配的黑铁管与盒(箱)连接可采用焊接连接,管口宜高出盒(箱)内壁 $3\sim5$ mm,且焊后应补刷防腐漆;明配钢管或暗配的镀锌钢管与盒(箱)连接应采用锁紧螺母或护圈帽固定。用锁紧螺母固定的管端螺纹宜外露锁紧螺母 $2\sim3$ 扣。

钢管与设备直接连接时,应将钢管敷设到设备的接线盒内。当钢管与设备间接连接时,对室内干燥场所,钢管端部宜增设电线保护软管或可挠金属电线保护管后引入设备的接线盒内,且钢管管口应包扎紧密(软管长度不宜大于 0.8 m);对室外或室内潮湿场所,钢管端部应增设防水弯头，导线应加套保护软管，经弯成滴水弧状后再引入设备的接线盒。与设备连接的钢管管口与地面的距离宜大于 200 mm。

3)硬质塑料管的连接。硬质塑料管连接通常有两种方法。第一种方法为插入法，插入法又分为一步插入法和二步插入法。一步插入法适用于 50 mm 及以下的硬质塑料管连接；二步插入法适用于 65 mm 及以上的硬质塑料管连接。第二种方法为套接法。

①一步插入法。将管口倒角，将需要连接的两个管端，一个加工成内斜角（做阴管），一个加工成外斜角（做阳管）。角度均为 30°。将阴管、阳管插接段的尘埃等杂物除净。将阴管插接段（插接长度为管径的 1.1～1.8 倍），放在电炉上加热数分钟，使其呈柔软状态，加热温度为 145 ℃左右。将阳管插入部分涂上胶合剂（如过氧乙烯胶水等），厚薄要均匀，然后迅速插入阴管，待中心线一致时，立即用湿布冷却，使管口恢复原来硬度。插接情况如图 3-7 所示。

②二步插入法。阴管加热，把阴管插入温度为 145 ℃的热甘油或石蜡中（也可采用喷灯、电炉、炭火炉加热），加热部分的长度为管径的 1.1～1.3 倍，待至柔软态度后，立即插入已被甘油加热的金属模具，进行扩口，待冷却至 50 ℃左右时取下模具，再用冷水内、外浇，继续冷却，使管子恢复原来硬度。成型模的外径比硬管内径大 2.5％左右。成型模插入情况如图 3-8 所示。在阴管、阳管插接段涂上胶粘剂，然后把阳管插入阴管内加热阴管，使其扩大部分收缩，然后急剧加水冷却。

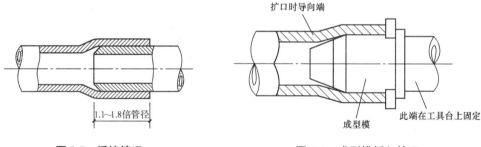

图 3-7　插接情况　　　　　　　　　　图 3-8　成型模插入情况

③套接法。先把同直径的硬塑料管加热扩大成套管，然后把需要连接的两管端倒角，并用汽油或酒精将插接端擦干净，待汽油挥发后，涂上胶粘剂，迅速插入热套管中，并用湿布冷却。套接情况如图 3-9 所示。半硬塑料管应使用套管粘结法连接，套管的长度不应小于连接管外径的 2 倍，接口处应用胶粘剂粘结牢固。

(6)接地。镀锌钢管、可挠性金属管和金属线槽不得熔焊跨接接地线，应采用专用接地跨接卡，两卡间连线若为铜芯软导线，截面面积应不小于 4 mm²。非镀锌钢管采用螺纹连接时，连接处的两端焊跨接接地线；当镀锌钢管采用螺纹连接时，连接处的两端用专用接地卡固定跨接接地线。

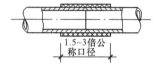

图 3-9　塑料管套接法连接

黑色钢管之间及管与盒(箱)之间采用螺纹连接时，为了使管路系统接地(接零)良好、可靠，要在管接头的两端及管与盒(箱)连接处用相应圆钢或扁钢焊接好跨接接地线，使整个管路可靠地连成一个导电的整体。钢管管与管及管与盒(箱)跨接接地线的做法，如图 3-10 所示。

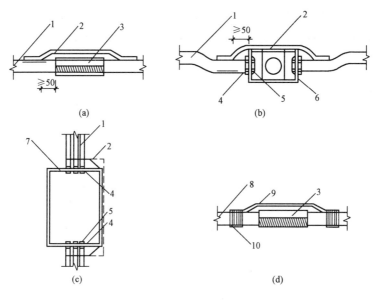

图 3-10　钢管跨接接地线做法

(a)钢管与钢管连接；(b)钢管与盒的连接；

(c)钢管与箱连接；(d)薄壁钢管的连接

1—钢管；2—跨接接地线；3—全扣管接头；

4—锁紧螺母；5—护圈帽；6—灯位盒；7—配电箱；

8—电线管；9—≥ϕ5 mm 铜线；10—铜绑线锡焊

镀锌钢管或可挠金属电线保护管(普利卡金属套管)的跨接接地线直径应根据钢管的管径来选择，见表 3-9。管接头两端跨接线管箍长度不小于跨接线直径的 6 倍，跨接线在连接管管箍处距管接头两端距离不应小于 50 mm。盒(箱)上焊接面积不应小于跨接线截面面积，且应在盒(箱)的棱边上焊接。严禁将管接头(管箍)与连接管焊死。

表 3-9　接地跨接线规格

直径/mm		跨接线/mm	
电线管	钢管	圆钢	扁钢
≤32	≤25	ϕ6	
40	32	ϕ8	
50	40~50	ϕ10	
70~80	70~80	ϕ12 以上	25×4

明配钢管的连接、管与盒(箱)的连接应采用螺纹连接，使用全扣管接头，并应在管接头两端箍好接地跨接线，不应将管接头焊死。

3.2.2.3　线管敷设

线管敷设，俗称配管。配管工作一般从配电箱开始，逐段配至用电设备处，有时也可从用电设备端开始,逐段配至配电箱处。线管敷设有暗配和明配两种,暗配较为常见。常见的配管有钢管、电线管和普利卡金属可挠性软管等。

(1)硬塑料管敷设硬质塑料管配线一般适用于室内场所和有酸、碱等腐蚀性介质的场所,但在易受机械损伤的场所不宜采用明敷设。在高层建筑中不建议使用此敷设方式。

1)暗敷。硬质塑料管暗敷或埋地敷设时,引出地(楼)面不低于0.50 m的一段管路,应采取防止机械损伤的措施。

①在现浇混凝土柱内敷设管径不大于φ20的硬塑料管时,管子可在柱中间部位每隔1 m处与主筋用箍筋绑扎,距离管进盒前绑扎点不宜大于0.3 m。配管管径较大时,管子应沿柱中心垂直通过。穿越柱平面的两相邻直角边时,应做成沿柱截面两中线呈90°弯曲的穿越。

②在现浇混凝土梁内垂直通过时,应在梁受剪力较小的部位,即梁的净跨度的1/3中跨的区域内通过,可在土建施工缝处预埋内径比配管外径粗的钢管做套管。管子(或套管)在梁内并列敷设时,管与管的间距不应小于25 mm。

③在现浇混凝土墙体两层钢筋网中间,每隔1 m把管子绑扎在内壁钢筋的内侧,多根管子并列敷设时,管子之间应有不小于25 mm的间距。

④管子在框架结构空心砖墙内水平敷设时,配管层可用普通砖砌筑,或者浇筑一段砾石混凝土保护管子。卧砌空心砖时,管子由空心砖的空心洞中穿过,如图3-11所示。管子在空心砖墙内垂直敷设时,在管路经过处应改为局部使用普通砖立砌,或进行空心砖与砖之间的钢筋拉结,也可现浇一条垂直的混凝土带将管子保护起来。

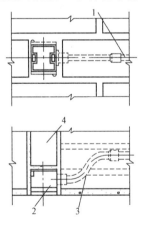

图 3-11 空心砖墙管、盒墙内敷设
1—硬质塑料管;2—器具盒;3—S弯头;4—普通砖

⑤在框架结构加气混凝土砌块隔墙内配管时,剔槽宽不宜大于管外径加15 mm,槽深不应小于管外径加15 mm,每隔0.5 m用钉子将管两侧绑线固定,用不小于M10水泥砂浆抹平沟槽,保护层厚度不应小于15 mm。在现浇混凝土楼板内配管时,管路应在两层钢筋中间与混凝土表面距离不小于15 mm,并列敷设的管子间距不应小于25 mm。管路应尽量不交叉,否则交叉点两根管子的外径之和应比楼板的厚度小40 mm。

⑥在预制空心楼板板缝内配管时，应沿预制板端部之间的横向板缝敷设，一般只能敷设一根管子。

⑦在楼(屋)面垫层内配管时，管保护层厚度不应小于 15 mm，楼(屋)面焦渣垫层内配管时，应在垫层施工前，管路周围应用水泥砂浆加以保护，防止管路受机械损伤。

⑧在阳台、雨篷板内配管时，应支好模板，将管子在模板上垫高 15 mm 后绑扎钢筋。使用木模板时，用钉子将管子钉在模板上。

⑨管子垂直跨越地沟时，应敷设在地沟盖板层内。若为预制地沟盖板时，局部改为现浇板。地沟热力管外应包扎保温材料，进行隔热处理。管口露出地面不宜小于 200 mm。塑料管在穿过建筑物基础时，外套保护管内径不应小于配管外径的 2 倍。外套钢管内外要涂多层防腐漆，埋地端应锯成斜口，宜垂直通过基础，无法垂直时，管路与基础水平交角不宜小于 45°。

2)明敷。明配单根硬质塑料管可用塑料管卡子、开口管卡固定，用木螺钉或塑料胀管把管卡固定住，把管子压入到管卡的开口处内部。

①两根及以上配管并列敷设时，可用管卡子沿墙敷设或在吊架、支架上敷设。管卡与终端、转弯中点、电气器具或盒(箱)边缘的距离为 150～500 mm。

②对于多根明配管或较粗的明管安装时，应先固定两端后再固定中间的支架或吊架。墙垛处用角钢托架安装。预制楼板采用吊装方法时，需在楼板板缝处固定吊架。明配管在沿柱或沿屋架下沿及沿钢屋架敷设时，可以用抱箍固定支架。多管水平吊装和沿墙吊装时，可使用 2 mm 厚的夹板式管卡固定在支、吊架上。

③硬质塑料管在吊顶内管路敷设方法，如图 3-12 所示。

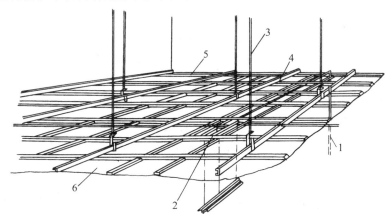

图 3-12　吊顶内管路及敷设示意图

1—硬质塑料管；2—灯位盒；3—吊杆；

4—大龙骨；5—中龙骨；6—顶板

④管径较大或并列管子数量较多时，管子可直接吊挂固定在楼板顶部或梁的固定支架或吊杆上。

3)补偿装置。暗配管路通过建筑物变形缝时，要在其两侧各埋设接线盒(箱)做补偿装置。在接线盒(箱)相邻面，穿一短钢保护管，管内径应大于塑料管外径的 2 倍，套在塑料管外面起保护作用，如图 3-13 所示。直筒式和拐角式接线箱，分别适用于在不同轴线的墙体上安装和在同一轴线墙体上安装，如图 3-14 所示。

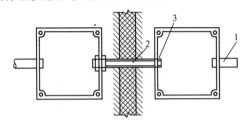

图 3-13　暗配管变形缝补偿装

1—硬制塑料管；2—钢保护管；3—箱上开长孔处

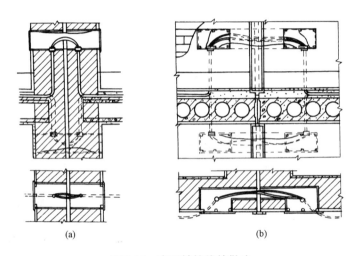

(a)　　　　　　　　　　　(b)

图 3-14　变形缝接线箱做法

(a)直筒式接线箱；(b)拐角式接线箱

明配硬质塑料管沿建筑物的表面敷设时，在直线段上每隔 30 m 应装设补偿装置(在支架上架空敷设除外)，如图 3-15(a)所示。PVC 补偿装置接头的大头与直管套入并粘牢，小头与直管套上一部分并粘牢，连接管可在接头内滑动，如图 3-15(b)所示。

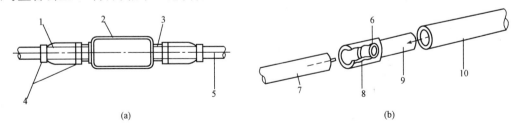

(a)　　　　　　　　　　　　　(b)

图 3-15　硬塑料管补偿装置

(a)补偿装置做法之一；(b)补偿装置做法之二

1—软聚氯乙烯管；2—分线盒；3—在分线盒上焊的大一号硬管；

4—软聚氯乙烯带涂胶粘剂；5—自由伸缩硬塑料管；6—大头；

7—PVC 直管套入大头内；8—卡环；9—小头可滑动部分；10—套入小头粘牢

(2)半硬塑料管的敷设。

1)半硬塑料管及混凝土板孔配线适用于正常环境一般室内场所，潮湿场所不应采用。

2)半硬塑料管配线应采用难燃平滑塑料管及塑料波纹管。建筑物顶棚内不宜采用塑料波纹管。

3)混凝土板孔配线应采用塑料护套电线或塑料的绝缘电线穿半硬塑料管敷设。在现浇钢筋混凝土中敷设半硬塑料管时，应采取预防机械损伤措施。塑料护套电线及塑料绝缘电线在混凝土板孔内不得有接头，接头应布置在接线盒内。

4)半硬塑料管在现浇混凝土框架结构中，在楼(屋)面垫层内、地面内、预制空心楼板内、轻质砌块墙内的敷设方法与硬塑料管基本相同。

5)半硬塑料管暗敷设在通过建筑物变形缝处时，应设置变形缝接线箱，其中一侧箱开长孔，其做法如图3-16所示。

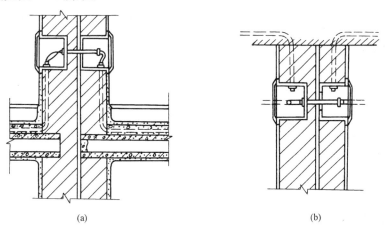

(a)   (b)

图3-16　半硬塑料管过变形缝做法

(a)墙体下部接线箱；(b)墙体上部接线箱

6)平滑半硬塑料管的连接应采用套管连接，用比连接管管径大一级且长度不小于连接管外径2倍的管子做套管，也可采用专用管接头。两连接管端部应涂好胶粘剂，将连接管插入套管内粘接牢固，连接管对口处应在套管中心。波纹管要进行连接时，可以用套管连接和绑接连接。用大一级管径的波纹管做套管，套管长度不宜小于连接管外径的4倍，将套管顺长向切开，把连接管插入套管内(应注意连接管的管口应平齐，对口处在套管中心)，在套管外用铁(铝)绑线斜向绑扎牢固、严密。

7)管的弯曲可以用手随时弯曲，平滑塑料管在90°弯曲时，可使用定弯套固定。当线路直线长度超过15 m或直角弯超过3个时，均应装设中间接线盒。为了便于穿线，管子弯曲半径宜不小于6倍管外径，弯曲角度应大于90°。

(3)钢管敷设。钢管配线一般适用于室内外场所，但对钢管有严重腐蚀的场所不宜采用。建筑物顶棚内宜采用钢管配线。钢管不应有折扁和裂缝，管内应无铁屑及毛刺，切断口应平整，管口应光滑。

1)明敷。明敷于潮湿场所或埋地敷设的钢管配线,应采用水、煤气钢管。明敷或暗敷于干燥场所的钢管配线可采用电线管。明配钢管应排列整齐,固定点间距应均匀,钢管管卡间的最大距离应符合规定。管卡与终端、弯头中点、电气器具或盒(箱)边缘的距离宜为150~500 mm。

①明配单根钢采用金属管卡固定;两根及以上配管并列敷设时,可用管卡子沿墙敷设或在吊架、支架上敷设。

③明配钢管在管端部和弯曲处两侧也需要有管卡固定,不能用器具设备和盒(箱)来固定管端。明配管沿墙固定时,当管孔钻好后,放入塑料胀管,待管固定时,先将管卡的一端螺钉拧进一半,然后将管敷于管卡内,再将管卡用木螺钉拧牢固定,如图3-17所示。沿楼板下敷设固定时,应先固定一16 mm×4 mm的底板,在底板上用管卡子固定钢管,如图3-18所示。

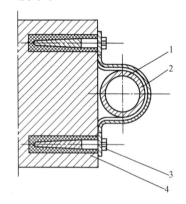 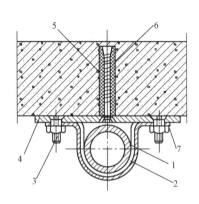

图3-17 钢管沿墙敷设

1—钢管;2—管卡子;

3—φ4 mm×(30~40 mm)木螺钉;

4—φ6~φ7塑料胀管

图3-18 钢管沿楼板下敷设

1—钢管;2—管卡子;3—M4×10沉头钉;

4—底板;5—φ4 mm×(30~40 mm)木螺钉;

6—φ6~φ7塑料胀管;7—焊点

③明配钢管在拐角处敷设时,应使用拐角盒;多根明管排列敷设时,在拐角处应使用中间接线箱进行连接,也可按管径的大小弯成排管敷设。所有管子应排列整齐,转弯部分应按同心圆弧的形式进行排列。

④易燃材料吊顶内应使用钢管敷设,管与管或管与盒的连接均应用螺纹连接。管与盒连接时,应在盒的内、外侧均套锁紧螺母与盒体固定。吊顶内敷设钢管直径为φ25及以下时,管子允许利用轻钢龙骨吊顶的吊杆和吊顶的轻钢龙骨上边进行敷设,并应使用吊装卡具吊装。

2)暗敷。绝缘电线不宜穿金属管在室外直接埋地敷设。必要时对于次要用电负荷且较短的线路(15 m以下),可穿金属管埋地敷设,但应采取可靠的防水、防腐蚀措施。

①钢管在现浇混凝土框架结构中以及在楼(屋)面垫层内、地面内、预制空心楼板内、轻质砌块墙内的敷设方法与硬塑料管基本相同。

②在现浇混凝土构件内敷设管子时,可用钢将管子绑扎在钢筋上,也可以用钉子将管

子钉在木模板上，将管子用垫块垫起，用钢线绑牢，如图 3-19 所示。垫块可用碎石块，垫高 15 mm 以上。此项工作是在浇灌前进行的。

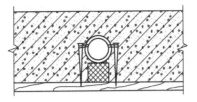

图 3-19　木模板上管子的固定方法

③当线管配在砖墙内时，一般是随土建砌砖时预埋；否则，应事先在砖墙上留槽或砌砖后开槽。线管在砖墙内的固定方法，可先在砖缝里打入木楔，再在木楔上钉钉子，用钢线丝管子绑扎在钉子上，再将钉子打入，使管子充分嵌入槽内，应保证管子离墙表面净距不小于 15 mm。在地坪内，须在土建浇制混凝土前埋设，固定方法可用木桩或圆钢等打入地中，用钢丝将管子绑牢。为使管子全部埋设在地坪混凝土层内，应将管子垫高，距离土层 15～20 mm，这样，可减少地下湿土对管子的腐蚀作用。当许多管子并排敷设在一起时，必须使其离开一定距离，以保证其间也灌上混凝土。为避免管口堵塞影响穿线，管子配好后应将管口用木塞或牛皮纸堵好。管子连接处以及钢管与接线盒连接处，要做好接地处理。

④暗敷设工程中应尽量使用镀锌钢管。除埋入混凝土内的钢管外壁不需防腐处理外，钢管内外壁均应涂樟丹油一道。埋入焦渣层中的钢管，用水泥砂浆全面保护，厚度不应小于 50 mm。直埋于土层内的钢管应刷两层沥青漆并用厚度不小于 50 mm 的混凝土保护层保护。埋入有腐蚀性土层内的钢管应刷沥青油后缠麻布或玻璃丝布，外面再刷一道沥青油。包缠要紧密妥实不得有空隙，刷油要均匀。使用镀锌钢管时，在镀锌层剥落处，也应涂防腐漆。设计有特殊要求时，应按设计规定进行防腐处理。

3）补偿装置。补偿装置配管管路通过建筑物变形缝时，要在其两侧各埋设接线盒（箱）做补偿装置，接线盒（箱）相邻面穿一短钢管，短管一端与盒（箱）固定，另一端应能活动自如，此端盒（箱）开长孔不应小于管外径的 2 倍。管道通过变形缝处时，在同一轴线墙体上安装拐角接线箱；在不同轴线上，安装直筒式接线箱。

①吊顶内管线一侧设接线盒作为过伸缩缝方式的做法，如图 3-20 所示。

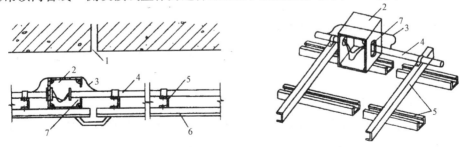

图 3-20　吊顶内管线过伸缩缝的做法

1—伸缩、沉降缝；2—接线盒；3—接地线；

4—钢管；5—轻钢龙骨；6—吊顶板；7—开长孔

②对变形缝中的伸缩缝和抗震缝，由于缝下基础没有断开，施工中配管应尽量在基础内水平通过，避免在墙体上设置补偿装置。

③在建筑物伸缩缝、沉降缝两侧暗设或吊杆固定明设两个接线盒(箱)，两侧的接线盒(箱)以金属软管连接，如图 3-21(a)所示。将伸缩缝、沉降缝的另一侧的接线箱省去不装，金属软管加过渡接头直接连接钢管，如图 3-21(b)所示。使用金属管的线路应做好跨接地线。金属软管的地线连接，可采用铜导线与金属软管缠绕并焊锡的方法连接。

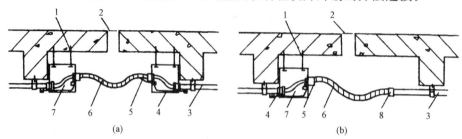

图 3-21　金属软管连接接线盒的补偿做法

(a)软管双侧连接接线盒；(b)软管单侧连接接线盒

1—吊顶；2—伸缩缝、沉降缝；3—钢管；4—接地线；

5—锡焊；6—金属软管；7—接线箱；8—过渡接头

④钢管暗配管路在通过建筑物变形缝处无法设置接线盒(箱)时，还可外套钢保护管。保护管内径不宜小于配管管外径的 2 倍，保护管中间应断开，以便适应建筑物的变形。

⑤明配钢管在通过建筑物伸缩缝和沉降缝应做补偿装置，如图 3-22 所示。

3.2.2.4　线管的穿线

管内穿线工作一般应在管子全部敷设完毕及建筑物抹灰、粉刷及地面工程结束后进行。

(1)在穿线前应将管中的积水及杂物清除干净。

(2)导线穿管时，应先穿一根钢线作引线。当管路较长或弯曲较多时，应在配管时就将引线穿好。一般在现场施工中对于管路较长，弯曲较多，从一端穿入钢引线有困难时，多采用从两端同时穿钢引线，且将引线头弯成小钩，当估计一根引线端头超过另一根引线端头时，用手旋转较短一根，使两根引线绞在一起，然后把一根引线拉出，此时就可以将引线的一头与需穿的导线结扎在一起。

(3)拉线时应由两人操作，一人担任送线，另一人担任拉线，两人应互相配合，不可硬送硬拉。当导线拉不动时，两人应反复来回拉 1~2 次再向前拉，不可过分勉强而将引线或导线拉断。

(4)导线穿入钢管时，管口处应装设护线套保护导线；在不进入接线盒(箱)的垂直管口，穿入导线后应将管口密封。在较长的垂直管路中，为防止由于导线的本身自重拉断导线或拉脱接线盒中的接头，导线应在管路中间增设的拉线盒中加以固定。其固定方法如图 3-23 所示。

(5)穿线时应严格按照规范规定进行。同一交流回路的导线应穿于同一根钢管内。不同

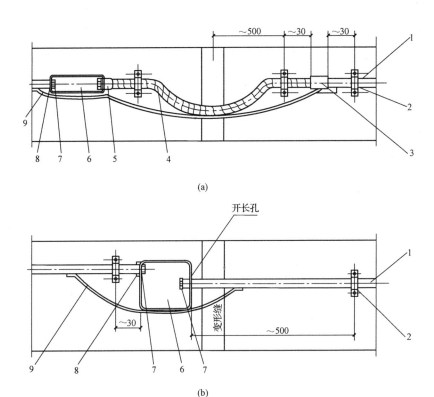

图 3-22 明配钢管沿墙过变形缝敷设

（a）做法之一；（b）做法之二

1—钢管；2—管卡子；3—过渡接头；

4—金属软管；5—金属软管接头；6—拉线箱；

7—护圈帽；8—锁紧螺母；9—跨接线

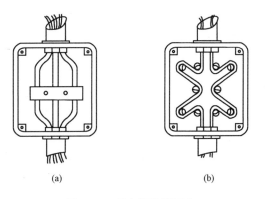

图 3-23 垂直管线的固定

回路、不同电压等级和交流与直流的导线，不得穿在同一根管内。但下列几种情况或设计有特殊规定的除外：

1)电压为 50 V 及以下的回路。

2)同一台设备的电机回路和无抗干扰要求的控制回路。

3)照明花灯的所有回路。

4)同类照明的几个回路，可穿入同一根管内，但管内导线总数不应多于 8 根。对于同一交流回路的导线必须穿于同一根钢管内。不论何种情况，导线的管内都不得有接头和扭结，接头应放在接线盒内。

穿线完毕，即可进行电器安装和导线连接。

3.3 普利卡金属套管的敷设

3.3.1 普利卡金属套管的类型及用途

按结构类型分为：LZ－3 型为单层可挠性电线保护管，套管外层为镀锌钢带（FeZn），里层为电工纸（P）；LZ－4 型为双层金属可挠性保护套管，属于基本型，套管外层为镀锌钢带（FeZn），中间层为冷轧钢带（Fe），里层为电工纸（P）；LV－5 普利卡金属套管构造是用特殊方法在 LZ－4 套管表面被覆一层具有良好耐韧性软质聚氯乙烯（PVC），此管除具有 LZ－4 型套管的特点外，具有优异的耐水性、耐腐蚀性、耐化学稳定性。另外，还有 LE－6 型、LVH－7 型、LAL－8 型、LS－9 型和 LH－10 型。它们各自具有不同的特点，适用于不同场所使用。在寒冷地区以及冷冻机等低温场所的配管工程，可选用 LE－6 耐寒型普利卡金属套管；在高温场所配管，应选用 LVH－7 耐热型普利卡金属套管；在食品加工及机械加工厂明配管的场所，应选用 LAL－8 型普利卡金属套管；使用在酸性、碱性气体等场所的电线、电缆保护管，可选用 LS－9 型普利卡金属套管；高温场所（250 ℃及以下）的配管，可选用 LH－10 耐热型普利卡金属套管；在室内潮湿及有水蒸气或有腐蚀性及化学性的场所使用，应选用 LV－5 型普利卡金属套管（即聚氯乙烯覆层套管）。

管径的选择按规范规定进行，即穿入普利卡套管内导线的总截面面积（包括外护层）不应超过管内径截面面积的 40%。

3.3.2 普利卡金属套管的敷设要求

（1）钢管与电气设备、器具间的电线保护管宜采用金属软管或可挠金属电线保护管；金属软管的长度不宜大于 2 m。

（2）金属软管应敷设在不易受机械损伤的干燥场所，且不应直埋于地下或混凝土中。当在潮湿等特殊场所使用金属软管时，应采用带有非金属护套且附配套连接器件的防液型金属软管，其护套应经过阻燃处理。

（3）金属软管不应退绞、松散。中间不应有接头；与设备、器具连接时，应采用专用接头，连接处应密封可靠；防液型金属软管的连接处应密封良好。

（4）金属软管的安装应符合下列要求：

1)弯曲半径不应小于软管外径的 6 倍。

2)固定点间距不应大于 1 m,管卡与终端、弯头中点的距离宜为 300 mm。

3)与嵌入式灯具或类似器具连接的金属软管,其末端的固定管卡宜安装在自灯具、器具边缘起沿软管长度的 1 m 处。

(5)金属软管应可靠接地,且不得作为电气设备的接地导体。

3.3.3 普利卡金属套管的敷设方法

3.3.3.1 暗敷

普利卡金属套管在现浇混凝土的梁柱、墙内垂直方向敷设时,管子宜放在钢筋的侧面;水平方向敷设时,管子宜放在钢筋的下侧;在现浇混凝土的平台板上管子应敷设在钢筋网中间,宜与上层钢筋绑扎在一起,绑扎间隔不应大于 0.5 m,在管入盒(箱)处绑扎点应适当缩短,距盒(箱)处不宜大于 0.3 m。绑扎应牢固,防止金属套管松弛。

普利卡金属套管在空心砖及加气混凝土隔墙内暗敷设方法与钢管敷设相同。在普通砖砌体墙内敷设同硬质塑料管施工方法相同,但管入盒处应在盒四周侧面与盒连接。管子在垂直敷设时,应具有把管子沿墙体高度及敷设方向挑起的措施。在轻质空心石膏板隔墙内敷设的方法与半硬塑料管暗敷设基本相同。在楼(屋)面板内配出的管子为钢管时,金属套管与钢管的连接应使用直接头、无螺纹接头或用混合组合接头进行连接,并做好接地跨、接线跨连接。

隔墙内敷设的普利卡金属套管,可沿龙骨(或增加专门的附加龙骨)用自攻螺钉固定。在隔断墙内用管卡子固定,间距不应大于 1 m,固定点距管与管及管与盒(箱)相连接处不应大于 0.3 m。

3.3.3.2 明敷

普利卡金属套管室内明敷设与钢管的固定方法相同。管的长度不宜大于 2 m,弯曲半径不应小于软管外径的 6 倍。管卡子与终端、转弯中点、电气器具或设备边缘的距离为 150～300 mm,管路中间的固定管卡子最大距离应保持在 0.5～1 m,固定点间距应均匀,允许偏差不应大于 30 mm。

3.3.3.3 吊顶内敷设

(1)用难燃材料作吊顶时,可应用普利卡金属套管敷设。与嵌入式灯具或类似器具连接的金属软管,其末端的固定管卡宜安装在自灯具、器具边缘起沿软管长度的 1 m 处。

(2)在楼(屋)面板内暗配钢管,且楼(屋)面板内设有盒(即八角盒)体时,连接盒与吊顶内灯位的配管应使用普利卡金属套管。楼(屋)面板盒应使用金属盖板将盒口密封,利用普利卡金属套管线箱连接器进行管与盒的连接,管下端引至吊顶灯位处,如图 3-24 所示。

(3)楼(屋)面板内原有暗配管,但楼(屋)面板内无盒体埋设而只有配管管头引至楼(屋)面板下墙体上时,吊顶内灯位盒至配管管口的接续管应使用普利卡金属套管连接。连接金属套管与原配管时,应使用混合接头或无螺纹接头进行连接,使金属套管引下至吊顶灯灯位盒，做法如图 3-25 所示。

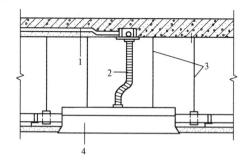

图 3-24　吊顶内金属套管做法之一

1—暗配钢管；2—普利卡金属套管；3—吊杆；4—灯具

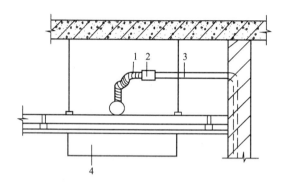

图 3-25　吊顶内金属套管做法之二

1—普利卡金属套管；2—混合接头；3—钢管；4—灯具

(4)吊顶内主干管为钢管且为明配时，管引至吊顶灯位盒的配管应使用普利卡金属套管。主干管可在吊顶灯位集中处设置分线盒(箱)，由盒(箱)内引出分支管，分支管至吊顶灯位(或盒位)一段使用普利卡金属套管，做法如图 3-26 所示。

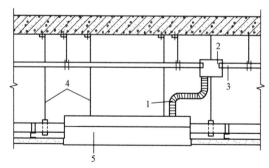

图 3-26　吊顶内金属套管做法之三

1—普利卡金属套管；2—分线箱；3—钢管；4—吊杆；5—灯具

(5)吊顶内主干线使用普利卡金属管敷设时，管子规格在 24 号及其以下时，可直接固定在吊顶的主龙骨上，并应使用卡具安装固定；管子规格在 50 号及其以下时，管子允许利用吊顶的吊杆或在吊杆上另设附加龙骨敷设。当主干管敷设量较多时，应专设吊杆和吊板，利用管卡子固定敷设普利卡金属套管，中间固定间距不应大于 2 m，吊杆上端应用射钉枪射钉与建筑物固定。吊顶内普利卡金属管敷设也可采用钢索吊管安装，钢索一端用张紧螺栓收紧。吊卡为 1 mm 厚钢板制成，吊卡中间距离不宜大于 1 m，吊卡距离盒(箱)处应为 0.3 m。

3.3.3.4 连接

普利卡金属套管应使用带有螺纹的直接头进行普利卡套管互接。

(1)普利卡金属套管与钢管采用螺纹连接。使用混合接头连接时，应将混合接头先拧入钢管螺纹端，使钢管管口与混合接头的螺纹里口吻合，再将金属套管拧入混合接头的套管螺纹端。

(2)普利卡套管与无螺纹钢管连接，应使用无螺纹接头。将套管拧入无螺纹接头的套管螺纹一端，套管管端应与里口吻合后，将套管连同无螺纹接头与钢管管端插接，用扳手或旋具拧紧接头上的两个压紧螺栓。

(3)连接有防水型金属套管时，使用防水型组合接头。

(4)普利卡金属套管与盒(箱)的连接时，应使用专用的线箱连接器或组合线箱连接器。将连接管按管子绕纹方向旋入连接器的套管螺纹一端，另一端插入盒(箱)敲落孔内拧紧连接器紧固螺母或盖形螺母。

(5)普利卡配管与盒(箱)敲落孔呈 90°角时，可以使用角形线箱连接器进行管与盒(箱)的连接，拧下连接器盖形螺母套到金属套管上，然后拧入套管，使套管管口端面与连接器套管螺纹的底面吻合，用盖形螺母拧紧固定。再将角形线箱连接器的另一端插入盒(箱)敲落孔中，拧紧紧固螺母即可。在需要防水场合，可以使用防水角形线箱连接器进行连接。

3.3.3.5 接地

普利卡金属套管与套管的连接及管与盒(箱)的连接，均应做良好的接地，且不得作为电气设备的接地导体。接地连接应使用接地线夹固定，接地线应使用截面面积不小于 4 mm^2 的软铜线。

3.4 线槽的敷设配线

3.4.1 线槽的种类

用于配线的线槽按材质分为金属线槽和塑料线槽。金属线槽一般适用于正常环境(干燥和不易受机械损伤)的室内场所明敷设。金属线槽多由厚度为 0.4～1.5 mm 的钢板制成。

为了适应现代化建筑内电气线路的日趋复杂、配线出口位置多变的实际需要，特制一种壁厚为 2 mm 的封闭式矩形金属线槽，可直接敷设在混凝土地面、现浇钢筋混凝土楼板或预制混凝土楼板的垫层内，称为地面内暗装金属线槽。

3.4.2 线槽的敷设

3.4.2.1 线槽的敷设要求

(1)线槽应敷设在干燥和不易受机械损伤的场所。

(2)线槽的连接应连接无间断，每节线槽的固定点不应少于两个，在转角、分支处和端部应有固定点，并应紧贴墙面固定。

(3)线槽接口应平直、严密，槽盖应齐全、平整、无翘角。

(4)固定或连接线槽的螺钉或其他紧固件，紧固后其端部应与线槽内表面光滑相接。

(5)线槽的出线口位置正确、光滑、无毛刺。

(6)线槽敷设应平直整齐；水平或垂直允许偏差为其长度的 0.2%，且全长允许偏差为 20 mm；并列安装时，槽盖应便于开启。

3.4.2.2 金属线槽明敷设

(1)金属线槽的安装。金属线槽在墙上安装时，可采用 8 mm×35 mm 半圆头木螺钉配木砖或半圆头木螺钉配塑料胀管。当线槽的宽度 $b \leqslant 100$ mm，可采用一个胀管固定，如图 3-27(a)所示；若线槽的宽度 $b > 100$ mm，则用两个胀管并列固定。线槽在墙上固定点安装的固定点间距为 0.5 m，每节线槽的固定点不应少于 2 个。线槽固定用的螺钉，紧固后其端部应与线槽内表面光滑相连，线槽槽底应紧贴墙面固定，如图 3-27(b)所示。

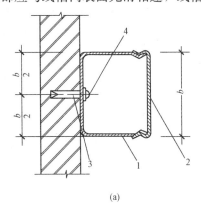
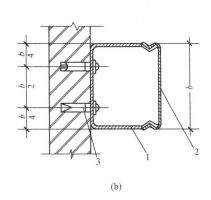

(a)   (b)

图 3-27　金属线槽在墙上安装

(a)单螺钉固定；(b)双螺钉固定

1—金属线槽；2—槽盖；3—塑料胀管；

4—8 mm×35 mm 半圆头木螺钉

金属线槽敷设时，吊点及支持点的距离应根据工程具体条件确定，一般应在直线段不大于 3 m 或线槽接头处，线槽首端、终端、进出接线盒 0.5 m 处及线槽转角处设置吊架或支架。

金属线槽在墙上水平架空安装可使用托臂支承。托臂在墙上的安装方式可采用膨胀螺栓固定，如图 3-28 所示。当金属线槽宽度 $b < 100$ mm 时，线槽在托臂上可采用一个螺栓固定。线槽在墙上水平架空安装也可使用扁钢或角钢支架支承。

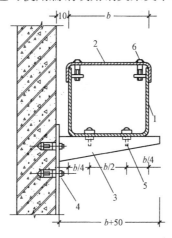

图 3-28   线槽在墙上水平架空安装

1—金属线槽；2—槽盖；3—托臂；4—M10×85 mm 膨胀螺栓；

5—M8×30 mm 螺栓；6—M5×20 mm 螺栓

线槽用吊架悬吊安装时，采用吊架卡箍吊装，吊杆为 $\phi10$ 圆钢制成，吊杆和建筑物预制混凝土楼板或梁的固定可采用膨胀螺栓及螺栓套筒进行连接，如图 3-29 所示。使用 40 mm×4 mm 镀锌扁钢做吊杆时，固定线槽如图 3-30 所示。吊杆也可以使用不小于 $\phi8$ 圆钢制作，圆钢上部焊接在 40 mm×4 mm 「 形扁钢上，「 形扁钢上部用膨胀栓与建筑物结构固定。

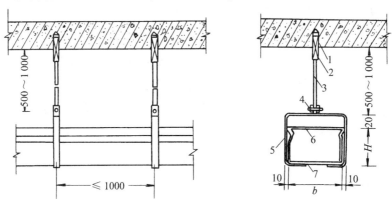

图 3-29   金属线槽用圆钢吊架安装

1—M10×85 mm 膨胀螺栓；2—螺栓长筒；3—吊杆；

4—M6×50 mm 螺栓；5—吊架卡箍；6—槽盖；7—金属线槽

在吊顶内安装时，吊杆可用膨胀螺栓与建筑结构固定。当与钢结构固定时，不允许进行焊接，将吊架直接吊在钢结构的指定位置处，也可以使用万能吊具与角钢、槽钢、工字钢等钢结构进行安装。金属线槽在吊顶下吊装时，吊杆应固定在吊顶的主龙骨上，不允许固定在副龙骨或辅助龙骨上。

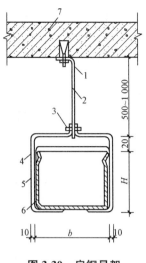

图 3-30 扁钢吊架

1—M10×85 膨胀螺栓；2—40 mm×4 mm 扁钢吊杆；

3—M6×50 mm 螺栓；4—槽盖；5—吊架卡箍；

6—金属线槽；7—预制混凝土楼板或梁

吊装金属线槽安装时，可以开口向上安装，也可以开口向下安装。先安装干线线槽，后装支线线槽。安装时拧开吊装器，把吊装器下半部套在线槽上，使线槽与吊杆之间通过吊装器悬吊在一起。例如，在线槽上安装灯具时，灯具可用蝶形螺栓或蝶形夹卡与吊装器固定在一起，然后再把线槽逐段组装成形。线槽与线槽之间应采用内连接头或外连接头，用沉头或圆头螺栓配上平垫和弹簧垫圈用螺母紧固。

（2）金属线槽的连接。吊装金属线槽在水平方向分支时，应采用二通、三通、四通接线盒进行分支连接。线路在不同平面转弯时，在转弯处应采用立上弯头或立下弯头进行连接，安装角度要适宜。在线槽出线口处应利用出线口盒进行连接。线槽末端部位要装上封堵进行封闭。在盒（箱）进出线处应采用抱脚进行连接。金属线槽垂直或倾斜敷设时，应采取措施防止电线或电缆在线槽内移动。有金属线槽通过的墙体或楼板处应预留孔洞，金属线槽不得在穿过墙壁或楼板处进行连接，也不应将穿过墙壁或楼板的线槽与墙或楼板上的孔洞一连抹死。金属线槽在穿过建筑物变形缝处应有补偿装置，线槽本身应断开，线槽用内连接板搭接，不需固定死。

（3）金属线槽的接地。金属线槽应可靠接地或接零，所有非导电部分的铁件均应相互连接，金属外壳不应作为设备的接地导体。线槽的变形缝补偿装置处应用导线搭接，使之成为一连续导体。金属线槽应做好整体接地，应有可靠接地或接零。在强电金属线槽内应设置 4 mm² 铜导线作接地干线用，线槽内分支或配出的接地（PE）线支线应从接地（PE）干线上引出。当线槽内敷设导线回路不需接地保护时，或线槽底板对地距离大于 2.4 m 时，线槽内可不设保护（PE）线。当线槽底板小于 2.4 m 时，线槽本身和线槽盖板均必须加装保护（PE）线。

3.4.2.3　地面内暗装金属线槽敷设

地面内暗装金属线槽敷设适用于正常环境下大空间且隔断变化多、用电设备移动性大或敷有多种功能线路的场所，暗敷于现浇混凝土地面、楼板或楼板垫层内。

地面内暗装金属线槽的组合安装如图 3-31 所示。

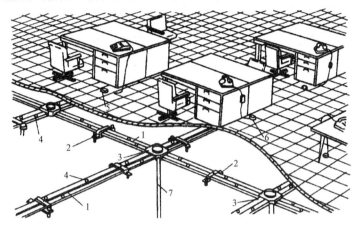

图 3-31　地面内暗装金属线槽组装示意图

1—金属线槽；2—支架；3—分线盒；4—出线口；

5—电源插座出线口；6—电话插座出线口；7—分支管

地面内暗装金属线槽安装时，应根据单线槽或双线槽不同结构形式，选择单压板或双压板与线槽组装，并上好卧脚螺栓，将组合好的线槽及支架沿线路走向水平放置在地面或楼（地）面的找平层或楼板的模板上，如图 3-32 所示，然后再进行线槽的连接。

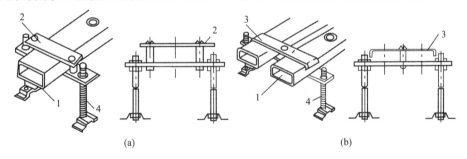

(a)　　　　　　　　　　　　　　(b)

图 3-32　单、双线槽支架安装示意图

(a)单线槽支架；(b)双线槽支架

1—线槽；2—支架单压板；3—支架双压板；4—卧脚螺栓

地面线槽的支架应安装在距离直线段不大于 3 m 处或在线槽接头处、线槽进入分线盒 200 mm 处。地面内暗装金属线槽长 3 m，每 0.6 m 设一个出线口，线槽间采用线槽连接头连接，对口处应在线槽连接头中间位置上，接口应平直，紧固螺钉应拧紧，使线槽在同一条中心轴线上。

线路交叉、分支或弯曲转向时，应安装分线盒。当线槽的直线长度超过 6 m 时，为方便穿线也应加装分线盒。线槽与分线盒连接时，线槽插入分线盒的长度不宜大于 10 mm。线槽出线口及分线盒的安装如图 3-33 所示，金属线槽在地面内的做法如图 3-34 所示。

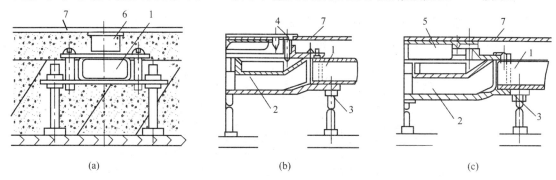

图 3-33　线槽出线口及分线盒安装示意图

(a)线槽出线口做法；(b)露出地面分线盒做法；(c)不露出地面分线盒做法

1—线槽；2—分线盒；3—调整螺栓；4—露出地面分线盒；

5—不露出地面分线盒盖；6—出线口；7—地面面层

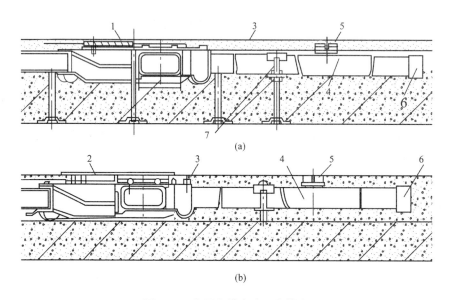

图 3-34　金属线槽在地面内做法

(a)在无垫层楼板内；(b)在有垫层楼板内安装

1—暗装分线盒；2—明露接线盒；3—地面；

4—线槽；5—出线口；6—封端堵头；7—支架

　　由配电箱、电话分线箱及接线端子箱等设备引至线槽的线路，宜采用金属管配线方式引入分线盒或以终端连接器直接引入线槽。地面内暗装金属线槽端部与配管连接时，应使用线槽与管过渡接头。金属线槽的末端无连接管时，应使用封端堵头拧牢堵严。

　　金属线槽不作设备的接地导体。当设计无要求时，金属线槽全长应有不少于 2 处与接地(PE)或接零(PEN)干线连接。非镀锌金属线槽连接板的两端跨接铜芯接地线，镀锌线槽间的连接板的两端不跨接接地线，但连接板两端应有不少于 2 处有防松螺母或防松垫圈的连接固定螺栓。

3.4.2.4　塑料线槽敷设

塑料线槽敷设一般适用于正常环境的室内场所，在高温和易受机械损伤的场所不宜采用。弱电线路可采用难燃型带盖塑料线槽在建筑顶棚内敷设。

塑料线槽必须选用阻燃型的，外壁应有间距不大于 1 m 的连续阻燃标记和制造厂标。难燃型塑料线槽明敷设安装，如图 3-35 所示。

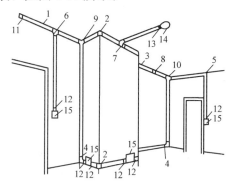

图 3-35　塑料线槽明配线示意图

1—直线线槽；2—阳角；3—阴角；4—直转角；

5—平转角；6—平三通；7—顶三通；8—左三通；

9—右三通；10—连接头；11—终端头；12—开关盒插口；

13—灯位盒插口；14—开关盒及盖板；15—灯位盒及盖板

塑料线槽敷设时，宜沿建筑物顶棚与墙壁交角处的墙上及墙角和踢脚板上端边上敷设。先固定槽底，在分支时应做成"T"字分支，在转角处槽底应锯成 45°角对接，对接连接面应严密平整，无缝隙。在线路连接、转角、分支及终端处应采用相应附件。

塑料线槽槽底可用伞形螺栓固定或用塑料胀管固定，也可用木螺钉固定在预先埋入在墙体内的木砖上。在石膏板或其他护板墙上及预制空心板处，可用伞形螺栓固定。固定线槽时，应先固定两端再固定中间，端部固定点距槽底终点不应小于 50 mm。

3.4.3　线槽内导线的敷设

金属线槽组装成统一整体并经清扫后可敷设导线。按规定将导线放好，并将导线按回路(或按系统)用尼龙绳绑扎成束，分层排放在线槽内，做好永久性编号标志。

线槽内导线的规格和数量应符合设计规定。当设计无规定时，包括绝缘层在内的导线总截面面积不应大于线槽截面的 60%。在可拆卸盖板的线槽内，包括绝缘层在内的导线接头处所有导线截面面积之和，不应大于线槽面积的 75%。在不易拆卸盖板的线槽内，导线的接头应置于线槽的接线盒内。

强电、弱电线路内分槽敷设。同一回路的所有相线和中性线(如果有中性线时)以及设备的接地线，应敷设在同一金属线槽内，以避免因电磁感应而使周围金属发热。同一路径无防干扰要求的线路，可敷设于同一金属线槽内。但同一线槽内的绝缘电线和电缆都应具有与最高标称电压回路绝缘相同的绝缘等级。

地面内暗装金属线槽内导线敷设方法和管内穿线方法相同。也应注意，导线在线槽中间不应有接头，接头应放在分线盒内，线头预留长度不宜小于150 mm。

3.5　钢索配线

钢索配线是由钢索承受配电线路的全部荷载，将绝缘导线、配件和灯具吊钩在钢索上。其适用于大跨度厂房、车库和仓储等场所的使用。

3.5.1　钢索配线的一般要求

(1)在潮湿、有腐蚀性介质及易积蓄纤维灰尘的场所，应采用带塑料护套的钢索。

(2)配线时应采用热浸镀锌钢索，不应采用含油芯的钢索。

(3)钢索安装应在土建装饰工程基本结束后进行，拉环应安装牢固，使其能承受钢索上的全部荷载。

(4)钢索配线的规定及要求。

1)钢索上绝缘导线至地面的距离，在室内时不小于2.5 m。

2)室内的钢索布线用绝缘导线明敷时，应采用瓷(塑料)夹或鼓形绝缘子、针式绝缘子固定；用护套线、金属管或硬质塑料布线时，可直接固定在钢索上。

3)钢索布线所采用的钢线和钢绞线的截面，应根据跨距、荷重和机械强度选择，最小截面面积不宜小于10 mm²。钢索的固定件应刷防火涂料或采用镀锌件。钢索的两端应拉紧，当跨距较大时应在中间增加支持点，中间支持点的间距不应大于12 m。

4)在钢索上吊装金属管或塑料管布线时，应符合下列要求。

①钢索上吊装金属管或塑料管支持点的最大间距见表3-10。

表3-10　支持点的最大间距

配线类别	支持点间距/mm	支持点距灯头盒/mm
金属管	1 500	200
塑料管	1 000	150

②吊装接线盒和管路的扁钢卡子的宽度不应小于20 mm，吊装接线盒卡子的数量不应少于2个。

5)钢索上吊装护套线时，应符合下列要求。

①用铝卡子直敷在钢索上时，其支持点间距不应大于50 mm；卡子距接线盒的距离不应大于100 mm。

②用橡胶或塑料护套线时，接线盒应采用塑料制品。

6)钢索上吊装绝缘子时，应符合下列要求。

①支持点间距不应大于 1.5 m，屋内的线间距离不应小于 50 mm，屋外的线间距离不应小于 100 mm。

②扁钢吊架的终端应加拉线，其直径应不小于 3 mm。

3.5.2 施工准备

3.5.2.1 技术准备

(1)施工前认真熟悉本专业施工图，做好施工图纸的会审准备工作。

(2)编制施工组织设计或施工方案，并报上一级主管部门审批。

(3)依据施工图设计、施工组织设计或施工方案的要求进行安全和技术交底。

(4)按施工图设计确定线路长度、位置、标高。

(5)钢索配线前，应现场复核预埋件和预留洞口的几何尺寸、位置、标高是否符合设计要求。

3.5.2.2 材料准备

钢索及附件、镀锌圆钢吊钩、镀锌圆钢耳环、花篮螺栓、心形环、抱箍、角钢吊架、绝缘导线、套管、接线端子、防锈漆、银粉等。

3.5.2.3 施工工具

(1)主要安装机具：电焊机、砂轮锯、套管机、铣刀、气焊工具、压力案子、掀管器、液压掀管器、滑轮、倒链、牙管、电炉、锡锅、锡勺、电烙铁、手锤、錾子、钢锯、锉、套丝板、常用电工工具等。

(2)主要检测机具：钢盘尺、水平尺、万用表、绝缘电阻表、数字拉力器等。

3.5.2.4 作业条件

(1)钢索配管的预埋件及预留孔，应预埋、预留完成。

(2)土建装修工程结束，才能吊装钢索及敷设线路。

3.5.3 材料质量控制

(1)钢索。采用钢绞线作为钢索，截面面积应根据实际跨距、荷重及机械强度选择，最小截面面积不应小于 10 mm²。且不得有背扣、松股、抽筋等现象。如果用镀锌圆钢作为钢索，其直径不应小于 10 mm。

(2)镀锌圆钢吊钩。圆钢的直径不应小于 8 mm。

(3)镀锌圆钢耳环。圆钢的直径不应小于 10 mm。耳环孔的直径不应小于 30 mm，接口处应焊死，尾端应弯成燕尾。

(4)镀锌钢丝。应顺直五背扣、扭接等现象，并具有规定的机械拉力。

(5)扁钢吊架。应采用热浸镀锌扁钢，其厚度不应小于 1.5 mm，宽度不应小于 20 mm，镀锌层无脱落现象。

(6)导线要求。导线的规格、型号必须符合设计要求，并有产品出厂合格证、产品检验报告，中国国家强制性产品认证证书。

(7)套管。套管有铜套管、铝套管、铜铝过渡套管三种，选用时应采用与导线材质、规格相应的套管。

(8)接线端子。应根据导线的根数和总截面选择相应规格的接线端子。

3.5.4 钢索配线施工

钢索配线施工工艺如图 3-36 所示。

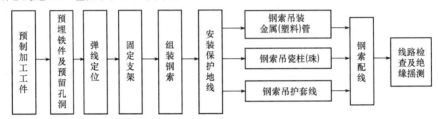

图 3-36 钢索配线施工工艺图

3.5.4.1 预制加工工件

(1)加工预埋铁件：其尺寸不应小于 120 mm×60 mm×6 mm；焊在铁件上的锚固钢筋的直径不应小于 8 mm，其尾部要弯成燕尾状。

(2)根据施工图设计的要求尺寸加工好预留孔洞的木套箱，加工好抱箍、支架、吊架、吊钩、耳环、固定卡子等镀锌铁件。非镀锌铁件应先除锈再刷上防锈漆。

(3)钢管进行调制、切断、套丝、揻弯，为管路连接做好准备。

(4)塑料管进行揻管、断管，为管路连接做好准备。

(5)采用镀锌钢绞线或圆钢作为钢索时，应按实际所需长度剪断，去除表面的油污，预先将其伸直，以减少其伸长率。

3.5.4.2 预埋铁件及预留孔洞

应根据施工图设计的几何尺寸、位置和标高，在土建结构施工时将预埋件固定好，并配合土建准确地将孔洞预留好。

3.5.4.3 弹线定位

根据施工图设计确定出固定点的位置和标高，弹出粉线，均匀分出挡距，并用色漆作出明显的标识。

3.5.4.4 固定支架

将已经加工好的抱箍支架固定在土建结构上，将心形环穿套在耳环和花篮螺栓上用于吊装钢索，固定好的支架可作为线路的始端、中间点和终端。

3.5.4.5 组装钢索

钢索安装做法如图 3-37 所示。

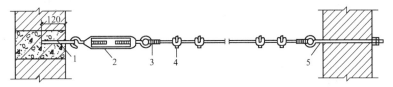

图 3-37 钢索安装做法

1—起点端耳环；2—花篮螺栓；3—心形环；

4—钢索卡；5—终点端耳环

(1)将预先拉直的钢索一端穿入耳环，并折回穿入心形环，再用两只钢索卡固定两道。为了防止钢索尾端松散，可用钢丝将其绑紧。

(2)将花篮螺栓两端的螺杆均旋进螺母，使其保持最大距离，以备继续调整钢索松紧度。

(3)将绑在钢索尾端的钢丝拆去，将钢索穿过花篮螺栓和耳环，折回后嵌进心形环，再用两只钢索卡固定两道。

(4)将钢索与花篮螺栓同时拉起，并钩住另一端的耳环，然后用大绳把钢索收紧，由中间开始，把钢索固定在吊钩上，调节花篮螺栓的螺杆使钢索的松紧度符合要求。

(5)钢索的长度在 50 m 以内时，允许只在一端装设花篮螺栓；长度超过 50 m 时，两端均应装设花篮螺栓，长度每增加 50 m，就应加装一个中间花篮螺栓。

3.5.4.6 安装保护地线

钢索就位后，在钢索的一段必须装有明显的保护地线，每个花篮螺栓处均应做跨接地线。

3.5.4.7 钢索吊装金属管

(1)根据设计要求选择金属管、三通及五通专用明装接线盒及相应规格的吊卡。

(2)在吊装管路时，应按照先干线、后支线的顺序操作，把加工好的管子从始端到终端按顺序连接起来，与接线盒连接的丝扣应拧牢固，进盒的丝扣不得超过两扣。吊卡的间距应符合施工质量验收规范要求。每个灯头盒均应用两个吊卡固定在钢索上。其安装做法如图 3-38 所示。

(3)双管并行吊装时，可用将两个吊卡对接起来的方式进行吊装，管与钢索应在同一平面内。

(4)吊装完毕后应做整体接地保护，接线盒的两端应有跨接地线。

3.5.4.8 钢索吊装塑料管

(1)根据设计要求选择塑料管、专用明装接线盒及灯头盒、管子接头及吊卡。

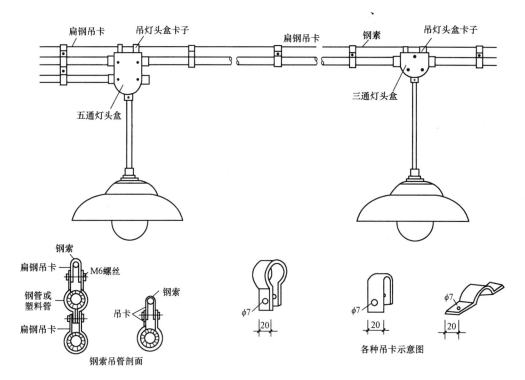

图 3-38　钢索吊管灯具安装做法图

（2）管路的吊装方法与金属管的吊装方法相同，管进入接线盒及灯头盒时，可以用管接头进行连接，两管对接可用管箍粘结法。

（3）吊卡应固定平整，吊卡间距应均匀。

3.5.4.9　钢索吊瓷柱(珠)

（1）根据施工图设计要求，在钢索上准确地量出灯位、吊架的位置及固定卡子之间的间距，用色漆作出明显标识。

（2）对自制加工的二线式扁钢吊架和四线式扁钢吊架进行调整、打孔，然后将瓷柱（珠）找垂直平整，固定在吊架上。瓷珠在吊卡上的安装方法如图 3-39 所示。

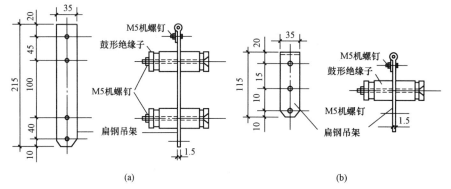

图 3-39　瓷珠在扁钢吊卡上安装

（a）四线式扁钢吊卡；（b）二线式扁钢吊卡

(3)将上好瓷柱(珠)的吊架,按照已确定的位置用螺钉固定在钢索上,钢索上的吊架不应有歪斜和松动现象。

(4)终端吊架与固定卡子之间必须用镀锌拉线连接牢固。

钢索吊瓷珠安装示意图如图 3-40 所示。

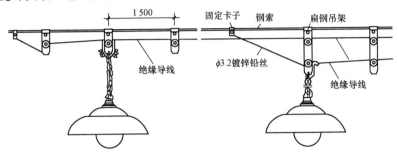

图 3-40 钢索吊瓷珠安装示意图

(5)瓷柱(珠)及支架的安装规定。

1)瓷柱(珠)用吊架或支架安装时,一般应使用不小于 30 mm×30 mm×3 mm 的角钢或使用不小于 40 mm×4 mm 的扁钢。

2)瓷柱(珠)固定在望板上,望板的厚度不应小于 20 mm。

3)瓷柱(珠)配线时其支持点间距及导线的允许距离应符合表 3-11 的规定。

表 3-11 支持点间距及导线的允许距离

导线截面 /mm²	瓷柱(珠)型号	支持点间最大允许距离 /mm	线间最小允许距离/mm		线路分支、转角处至电门、灯具等处支持点间距离/mm	导线边线对建筑物最小水平距离/mm
			6 mm² 以下导线	10 mm² 以上导线		
1.5～4	G38(296)	1 500	50	7 100	100	60
6～10	G50(294)	1 500	50	7 100	100	60

4)瓷柱(珠)配线时导线至建筑物的最小距离应符合表 3-12 的规定。

表 3-12 导线至建筑物的最小距离

导线敷设方式	最小间距/mm
水平敷设时的垂直距离,距阳台、平台上方,跨越屋顶	2 500
在窗户上方	200
在窗户下方	800
垂直敷设时至阳台、窗户的水平间距	600
导线至墙壁、构架的间距(挑檐除外)	35

5)瓷柱(珠)配线时其绝缘导线距地面的最低距离应符合表 3-13 的规定。

表 3-13　导线距地面的最低距离

导线敷设方式		最低距离/mm
导线水平敷设	室内	2 500
	室外	2 700
导线垂直敷设	室内	1 800
	室外	2 700

3.5.4.10　钢索吊护套线

(1)根据施工图设计要求,在钢索上量出灯位及固定的位置,将护套线按段剪断,调直后放在线架上。

(2)敷设时应从钢索的一端开始,放线时应先将导线理顺,同时,用卡子在标出固定点的位置上将护套线固定在钢索上,直至终端。

(3)在接线盒两端 100～150 mm 处应加卡子固定,盒内导线应留有适当余量。

(4)灯具为吊装灯时,从接线盒至灯头的导线应依次编叉在吊链内,导线不应受力。

塑料护套线在钢索上的安装方法如图 3-41 所示。

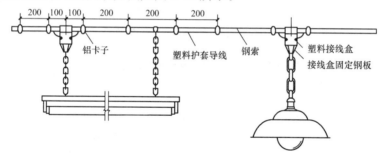

图 3-41　塑料护套线在钢索上的安装方法

3.6　硬母线的安装

3.6.1　硬母线的规格型号及基本特征

母线也称为汇流排,它是接受电能和分配电能的一个节点。母线通常由铜、铝、铝合金及钢材料制成。铜的电阻率小,导电性能好,有较好的抵抗大气影响及化学腐蚀的性能,但因价格较贵,且有其他重要用途,故一般除特殊要求外较少使用。铝的电阻率仅次于铜,使用比较广泛。钢虽然价格便宜,机械强度好,但电阻率较大,又由于钢是磁性材料,当交流电流通过时,会产生较大的涡流损失、功率损耗和电压降,所以不宜用来输送大电流,通常多用来做零母线和接地母线。

我国目前常用的硬母线型式有矩形、槽形和管形等。

(1)矩形母线。

1)单片矩形母线具有集肤效应系数小、散热条件好、安装简单、连接方便等优点,一般适用于工作电流 $I \leqslant 2\,000$ A 的回路中。

2)多片矩形母线集肤效应系数比单片母线的大,所以附加损耗增大,因此载流量不是随母线片数增加而成倍增加的,尤其是每相超过三片以上时,母线的集肤效应系数显著增大。在工程实际中,多片矩形母线适用于工作电流 $I \leqslant 4\,000$ A 的回路中。当工作电流为 $4\,000$ A 以上时,母线则应选用有利于交流电流分布的槽形或圆管形的成型母线。

(2)槽形母线。槽形母线的电流分布比较均匀,与同截面的矩形母线相比,其优点是散热条件好、机械强度高、安装也比较方便,尤其是在垂直方向开有通风孔的双槽形母线比不开孔的方管形母线的载流能力大 9%～10%,比同截面的矩形母线载流能力约大 35%。因此,在回路持续工作电流为 $4\,000$～$8\,000$ A 时,一般可选用双槽形母线,大于上述电流值时,由于会引起钢构件严重发热,故不推荐使用。

(3)管形母线。管形母线是空心导体,集肤效应系数小,且有利于提高电晕的起始电压。配电装置使用管形母线,具有占地面积小、架构简明、布置清晰等优点。但导体与设备连接较复杂,用于户外时易产生微风振动。

3.6.2 硬母线安装的一般规定

(1)母线装置采用的设备和器材在运输与保管中应采用防腐蚀性气体侵蚀及机械损伤的包装(电气装置安装工程中的硬母线、软母线、绝缘子、金具、穿墙套管等,统称为母线装置)。

(2)铜、铝母线及铝合金管母线,当无出厂合格证件或资料不全时,以及对材料有怀疑时,应按表 3-14 的要求进行检验。

表 3-14　母线的机械性能和电阻率

母线名称	母线型号	最小抗拉强度 /(N·mm^{-2})	最小伸长率/%	20 ℃时最大电阻率 /(Ωmm^2·m)
铜母线	TMY	255	6	0.017 77
铝母线	LMY	115	3	0.029 0
铝合金管母线	LF21Y	137		0.037 3

(3)母线表面应光洁平整,不应有裂纹、折皱、夹杂物及变形和扭曲现象。

(4)成套供应的封闭母线,插接母线槽的各段应标志清晰、附件齐全、外壳无变形、内部无损伤。螺栓固定的母线搭接面应平整,其镀银层不应有麻面、起皮及未覆盖部分。

(5)各种金属构件的安装螺孔不应采用气焊割孔或电焊吹孔。

(6)金属构件及母线的防腐处理应符合以下要求:

1)金属构件除锈应彻底，防腐漆应涂刷均匀，粘结牢固，不得有皮层、皱皮等缺陷。

2)母线涂漆应均匀，无起层、皱皮等缺陷。

3)在有盐雾、空气相对湿度接近100％及含腐蚀性气体的场所，室外金属构件应采用热镀锌。

4)在有盐雾及含有腐蚀性气体的场所，母线应涂防腐涂料。

(7)支柱绝缘子底座、套管法兰、保护网(罩)等不带电的金属构件应按现行国家标准《电气装置安装工程　接地装置施工及验收规范》(GB 50169—2016)的规定进行接地；接地线宜排列整齐，方向一致。

(8)母线与母线，母线与分支线，母线与电器接线端子搭接时，其搭接面的处理应符合以下规定。

1)铜与铜：室外、高温且潮湿或对母线有腐蚀性气体的室内必须搪锡，在干燥的室内可直接连接。

2)铝与铝：直接连接。

3)钢与钢：必须搪锡或镀锌，不得直接连接。

4)铜与铝：在干燥的室内，铜导体应搪锡，室外或空气相对湿度接近100％的室内应采用铜铝过渡板，铜端应搪锡(因铜与铝用螺栓连接会引起接头电化学腐蚀和热弹性变形，将接头损坏，故要使用铜铝过渡板，过渡板的焊缝应离开设备端子3～5 mm，以免产生过渡腐蚀)。

5)钢与铜或铝：钢搭接面必须搪锡。

6)封闭母线螺栓固定搭接面应镀银。

3.6.3　硬母线安装

硬母线安装的工艺如图3-42所示。

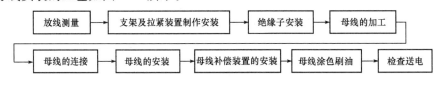

图3-42　硬母线安装工艺

3.6.3.1　放线测量

进入现场后根据母线及支架敷设的不同情况，核对是否与图纸相符。核对沿母线敷设全长方向有无障碍物，有无与建筑结构或设备管道、通风等安装部件交叉现象。配电柜内安装母线，测量与设备上其他部件安全距离是否符合要求。放线测量出各段母线加工尺寸、支架尺寸，并划出支架安装距离及剔洞或固定件安装位置。

3.6.3.2　支架及拉紧装置制作安装

母线安装前，应依据母线敷设方式及敷设部位确定支架的形式及装设位置，然后将加工好的支架埋设在墙上或固定在建筑构件上。

支架要采用 50 mm×50 mm×5 mm 的角钢制作，角钢断口必须锯断(或冲压断)，不得采用电、气焊切割。支架上的螺孔宜加工成长孔，螺孔中心距离偏差应小于 5 mm，螺孔应用电钻钻孔，不应用气焊割孔或电焊吹孔。

支架在墙上安装固定时，需在土建施工中预先埋入墙内或预留安装孔。支架埋入深度要大于 150 mm，采用螺栓固定时，要使用 M12×150 mm 开叉燕尾镀锌螺栓，安装在户外时应使用热镀锌制品。在梁上或柱子上装设支架多用螺栓抱箍固定，也可以将支架焊接在预先埋设的铁件上。硬母线敷设方式如图 3-43 所示。

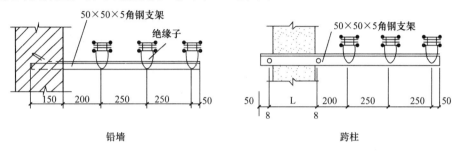

图 3-43　硬母线敷设方式

当母线水平敷设时，支架架设间距不超过 3 m；垂直敷设时，间距不超过 2 m。成排支架的安装应排列整齐，间距应均匀一致，两支架之间的距离偏差不大于 50 mm。支架的装设应平正、牢固。支架加工尺寸应按设计或实际需要决定，也可参照国家标准图集 D365。

3.6.3.3　绝缘子安装

绝缘子与穿墙套管安装前应进行检查，瓷件、法兰应完整无裂纹，胶合处填料完整、结合牢固。

安装在同一平面或垂直面上的支柱绝缘子或穿墙套管的顶面，应位于同一平面上，其中心线位置应符合设计要求。母线直线段的支柱绝缘子的安装中心线应在同一直线上。其底座或法兰盘不得埋入混凝土或抹灰层内。支柱绝缘子叠装时，中心线应一致，固定应牢固，紧固件应齐全。无底座和顶帽的内胶装式的低压支柱绝缘子与金属固定件的接触面之间应垫以厚度不小于 1.5 mm 的橡胶或石棉纸等缓冲垫圈。

3.6.3.4　母线的加工

(1)加工前的检查。母线在进行加工前，首先应按照施工图纸对母线的材质与规格进行检查，均应符合设计要求，然后对母线的外观进行检查，母线表面应光洁平整，不得有裂纹、折皱及夹杂物。用千分尺抽查母线的厚度和宽度是否符合标准截面的要求。母线缺陷所引起的截面误差，对于铜母线不应超过计算截面的 1%，铝母线不应超过 3%，否则应将母线缺陷部分割弃。

(2)母线矫正。安装前母线必须进行矫正。矫正的方法有手工矫正和机械矫正两种。手工矫正时，把母线放在平台上或平直的型钢上，用硬木锤直接敲打平直，也可以用垫块(铜、铝、木垫块)垫在母线上，再用铁锤间接敲打平直。敲打时，用力要均匀适当，不能过猛，否则会引起变形，且不准用铁锤直接敲打。对于截面较大的母线，可用母线矫正机进行矫正。将母线的不平整部分，放在矫正机的平台上，然后转动操作手柄，利用丝杆的压力将母线矫正，如图 3-44 所示。

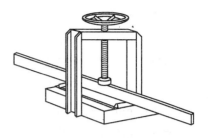

图 3-44 母线矫正机

(3)母线测量。施工图纸一般不给出母线的加工尺寸，因此，施工人员在下料前，应到现场测量母线的实际安装尺寸，然后在平台上画出大样或用 8 号线作出样板，作为弯曲母线的依据。所用测量工具有卷尺、角尺、线坠等。如在两个不同垂直面上装设一段母线，可按图 3-45 所示进行测量。先在两个绝缘子与母线接触面的中心各放一线坠，用尺量出两线坠间的距离 A_1 及两个绝缘子中心线间的距离 A_2。而 B_1、B_2 的尺寸可根据实际需要自定。

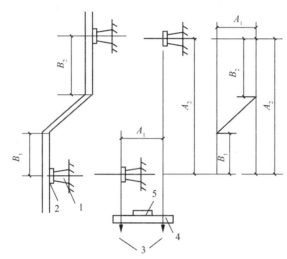

图 3-45 母线尺寸的测量方法

1—支持绝缘子；2—母线金具；3—线坠；4—平板尺；5—水平尺

在测量母线加工尺寸和下料时，要合理地使用母线原有长度，避免浪费，这就要求母线在室内的安装位置和走向必须合理，必须符合室内配电装置安全距离的要求。

(4)母线切割和弯曲。

1)母线切割。

①切割母线时，先按预先测得的尺寸，用铅笔在矫正好的母线上画好线，然后再进行切割。切割工具可用钢锯或手动剪切机。用钢锯切割母线，虽然工具轻比较方便，但工作效率低。用手动剪切机剪切母线，工作效率高，操作方便。大截面母线的切割也可用切割机，如图 3-46 所示。切割时，将母线置于锯床的托架上，然后接通电源使电动机转动，

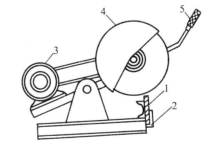

图 3-46 切割机

1—托架；2—手柄；3—电动机；

4—保护套；5—母线

慢慢压下操作手柄 2，直到锯断为止。

②母线切断面应平整，无毛刺，否则应用锉刀或其他刮削工具将毛刺除掉。为了使切割尺寸准确，对要弯曲的母线，可在母线弯曲后再进行切割。

③母线切割后最好立即进行下一工序，否则应将母线平直地堆放起来，防止弯曲及碰伤。如截下来的母线规格很多，可用油漆编号分别存放，以利于施工。

2)母线弯曲。母线的安装除必要的弯曲外，应尽量减少弯曲。矩形硬母线的弯曲宜进行冷弯，如需热弯时，加热温度不应超过以下规定：铜 350 ℃，铝 250 ℃，钢 600 ℃。弯曲形式有平弯、立弯、扭弯三种，如图 3-47 所示，可分别用扭弯机、平弯机和立弯机进行弯曲。

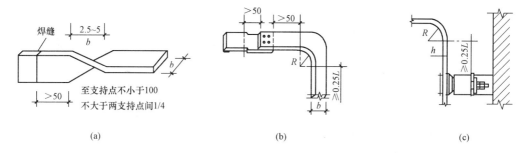

图 3-47　硬母线弯曲图

(a)母线扭弯示意图；(b)母线立弯示意图；(c)母线平弯示意图

母线弯制时，应符合下列规定：

①母线开始弯曲处距离最近绝缘子的母线支持夹板边缘不应大于 0.25L(L 为母线支持点之间的距离)，但不得小于 50 mm。

②母线开始弯曲处距母线连接位置不应小于 50 mm。

③母线弯曲处不得有裂纹及显著的折皱。弯曲半径不得小于表 3-15 中所列的数值。

④多片母线的弯曲程度应一致。

表 3-15　母线最小允许弯曲半径　　　　　　　　　　　　　　　mm

母线种类	弯曲方式	母线断面尺寸	最小弯曲半径		
			铜	铝	钢
矩形母线	平弯	50×5 及以下	$2a$	$2a$	$2a$
		125×10 及以下	$2a$	$2.5a$	a
	立弯	50×5 及以下	$1b$	$1.5b$	$0.5b$
		125×10 及以下	$1.5b$	$2b$	$1b$
管形母线		直径 16 及以下	50	70	50
		直径 30 及以下	150	100	150
注：b—母线宽度；a—母线厚度。					

①母线平弯可用平弯机，如图 3-48 所示。这种弯制方法操作简便、工效高。弯曲时，

提起手柄 1，将母线穿在平弯机两个滑轮之间，校正好后，拧紧压力丝杆 3，将母线压紧，然后慢慢压下手柄 1，使母线弯曲。操作时不可用力过猛，以免母线产生裂缝。当母线弯曲到一定程度时，可用事先做好的样板进行一次复核，以达到合适的弯曲角度。对于小型母线，也可以用台虎钳弯曲。弯曲时，先在钳口上垫上铝板或硬木，再将母线置于钳口中夹紧，然后慢慢扳动母线，使其达到合适的弯曲角度。

②母线立弯可用立弯机，如图 3-49 所示。将母线需要弯曲部分放入立弯机的夹板 4 上，再装上弯头 3，拧紧夹板螺钉 8，校正无误后，操作千斤顶 1，将母线顶弯。立弯的弯半径不能过小，否则会产生裂痕和折皱。

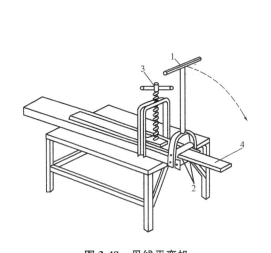

图 3-48　母线平弯机

1—手柄；2—滚轮；3—压力丝杆；4—母线

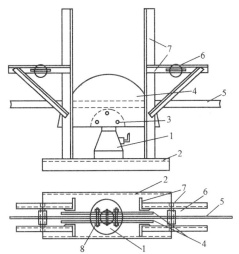

图 3-49　母线立弯机

1—千斤顶；2—槽钢；3—弯头；4—夹板；

5—母线；6—档头；7—角钢；8—夹板螺钉

③母线扭弯可用扭弯机，如图 3-50 所示。先将母线扭弯部分的一端夹在虎钳上，钳口和母线接触处要适当保护，以免钳口夹伤母线。母线另一端用扭弯机夹住，然后双手抓住扭弯机手柄用力扭动，使母线弯曲达到需要的形状为止。这种冷弯的方法，通常只能弯曲 100 mm×8 mm 以下的铝母线，超过此限时应将母线弯曲部分加热后再进行弯曲，母线加热温度不应超过规定值。扭弯部分的全长应不小于母线宽度的 2.5 倍。

3.6.3.5　母线的连接

母线的连接有搭接和焊接两种。

(1)搭接。搭接就是用螺栓连接，简便易行，但存在一个发热和腐蚀的问题。只有按正确的工艺施工，才能保证连接质量。

母线搭接包括以下几项工作内容：

1)钻孔。母线既然用螺栓连接，就必须钻孔。不同规格的母线搭接长度、连接螺栓数目、直径和孔径规格均有规定，详见表 3-16。

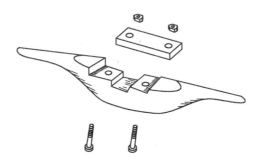

图 3-50　母线扭弯机

表 3-16　矩形母线搭接的要求

搭接形式	类别	序号	连接尺寸/mm			钻孔要求		螺栓规格
			b_1	b_2	a	φ/mm	个数	
	直线连接	1	125	125	b_1 或 b_2	21	4	M20
		2	100	100	b_1 或 b_2	17	4	M16
		3	80	80	b_1 或 b_2	13	4	M12
		4	63	63	b_1 或 b_2	11	4	M10
		5	50	50	b_1 或 b_2	9	4	M8
		6	45	45	b_1 或 b_2	9	4	M8
	直线连接	7	40	40	80	13	2	M12
		8	31.5	31.5	63	11	2	M10
		9	25	25	50	9	2	M3
	垂直连接	10	125	125		21	4	M20
		11	125	100~80		17	4	M16
		12	125	63		13	4	M12
		13	100	100~80		17	4	M16
		14	80	80~63		13	4	M12
		15	63	63~50		11	4	M10
		16	50	50		9	4	M8
		17	45	45		9	4	M8
	垂直连接	18	125	50~40		17	2	M16
		19	100	63~40		17	2	M16
		20	80	63~40		15	2	M14
		21	63	50~40		13	2	M10
		22	50	45~40		11	2	M10
		23	63	31.5~25		11	2	M10
		24	50	31.5~25		9	2	M8

搭接形式	类别	序号	连接尺寸/mm			钻孔要求		螺栓规格
			b_1	b_2	a	φ/mm	个数	
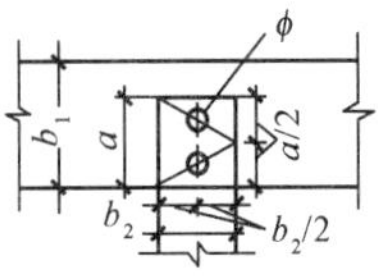 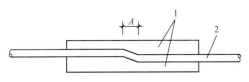	垂直连接	25	125	31.5~25	60	11	2	M10
		26	100	31.5~25	50	9	2	M8
		27	80	31.5~25	50	9	2	M8
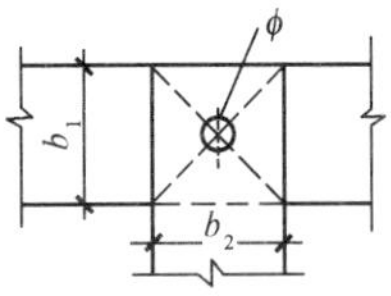	垂直连接	28	40	40~31.5		13	1	M12
		29	40	25		11	1	M10
		30	31.5	31.5~25		11	1	M10
		31	25	22		9	1	M8

首先将母线在平台上调直，选择较平的一面作基础面，进行钻孔。钻孔前根据孔距尺寸，先在母线上画出孔位，并用冲子在孔中心冲出印记，用电钻钻孔。孔径一般不应大于螺栓直径 1 mm，钻孔应垂直，孔与孔中心距离的误差不应大于 0.5 mm，钻好孔后，将孔口毛刺除去，使其保持光洁。搭接长度等于或大于母线宽度，搭接面下面的母线应弯成鸭脖弯，如图 3-51 所示。

图 3-51 鸭脖模示意图

1—模子；2—母线

A—等于母线厚度的 3 倍

当母线平放时，紧固螺栓应由下向上穿，在其余情况下螺母应置于维护侧，螺栓长度宜露出螺母 2~3 扣。贯穿螺栓连接的母线两侧均应有平垫圈，相邻螺栓垫圈间应有 3 mm以上净距，螺母侧应装有弹簧垫圈或锁紧螺母。螺栓受力应均匀，不应使电器的接线端子受到额外应力。连接螺栓应用力矩扳手紧固，其紧固力矩值应符合表 3-17 的规定。

表 3-17 钢制螺栓紧固力矩值

螺栓规格/mm	力矩值/(N·m)	螺栓规格/mm	力矩值/(N·m)
M8	8.8~10.8	M16	78.5~98.1
M10	17.7~22.6	M18	98.0~127.4
M12	31.4~39.2	M20	156.9~196.2
M14	51.0~60.8	M24	274.6~313.2

2)母线接触面的加工。接触面加工的好坏，是母线连接质量的关键，不能忽视，特别是对于铜铝母线的连接，由于电化学腐蚀问题的存在，更要求处理好接触面。改善母线连

接质量一直是人们研究的课题。母线连接的接触面，从表面上看为平面，但在放大后看仍是不平的多点接触，不可能做到完全平面接触，一般要求接触面所增加的电阻，不能大于同样长度母线本身电阻的 20%。带有氧化膜的铜、铝母线接触面接触电阻大容易发热。因此，要求加工不仅平整且应无氧化膜，同时防止产生新的氧化膜层。

母线接触面加工方法有机械加工和手工锉削两种。

①机械加工是指用铣、刨、冲压等机械进行加工。单位有条件也可自制简易的母线接触面削铣机。机械加工可提高工作效率，减轻劳动强度，确保工作质量。

接触面冲压也是一种加工方法。其是在母线接触面上冲压出花纹麻面，这是根据点接触原理进行的。其做法是：先制成不同密度的花纹冲模，然后将母线接触面放在花纹冲模上，再用千斤顶将冲模上的花纹压在母线接触面上。这种方法已在部分厂家制造的设备接头上应用。

②手锉加工是一种最常用的方法。其具体加工方法是：先选好母线平整无伤痕的端面做接触面，将其平放于枕木上，用双手横握扁锉，用锉刀根部较平的一段在接触面上做前后推拉，锉削长度略大于接触面即可，不宜过大。锉削（实际是磨削）应用力均匀，用力过大效果并不一定好。磨削过程中，随时用短钢板尺，测量加工面的平整度，一般磨削到除去全部氧化膜，用钢板尺测量达到平整（即钢板尺立站在加工面上，尺与加工面间无缝隙）即可。再用钢丝刷刷去表面的锉屑后，涂上一层电力复合脂，如不立即装时，应用干净的水泥袋纸或塑料布包好，妥善保存，以备安装。

接触面加工后，其截面减少值，铜母线不应超过原有截面的 1%，铝母线不应超过 3%。加工中容易出现接触面中间高的毛病，这是锉刀拿得不平或用力过大，锉刀摆动造成的。磨削接触面是一项要求很高且劳动强度较大的工作，必须耐心、细致地工作，这样才能保证质量并取得预期的效果。

铜母线或钢母线接触面经加工后，不必涂电力复合脂，只要把表面的锉屑刷净，搪上一层锡即可。搪锡的方法是：先将焊锡放在锡锅中用木炭、喷灯或气焊加热熔化，再把母线的接触面涂上焊锡油，慢慢浸入锡锅中，待焊锡附在母线表面后，把母线从锡锅中取出，用破布擦去表面的浮渣，露出银白色光洁表面即可。

（2）焊接。焊接是将母线熔焊成一个整体，使其在本质上连接，减少了接触面，消除了发热问题，导电性能好、质量高，所以在有条件的地方尽可能采用焊接。只是铜、铝焊接要求焊工有较高的焊接技术，并应有焊工考试合格证。

母线焊接的方法很多，常用的有气焊、碳弧焊和氩弧焊等方法。在母线加工和安装前，应根据施工条件和具体要求选择适当的焊接方法。母线焊接前，应将母线对口两侧表面各 20 mm 范围内用钢丝刷清刷干净，不得有油漆、斑疵及氧化膜等。

铝及铝合金的管形母线、槽形母线、封闭母线及重型母线应采用氩弧焊。

母线对头焊接时，对口应平直，其弯折偏移不应大于 1/500；中心线偏移不得大于 0.5 mm，如图 3-52 所示，且宜有 35°～40° 的坡口、1.5～2 mm 的钝边。每个焊缝应一次焊完，除瞬间断弧外不准停焊。母线焊完未冷却前，不得移动或受力，焊接所用填充材料的物理性能和化学成分应与原材料一致。对接焊缝的上部应有 2～4 mm 的加强高度；气焊及碳弧焊的对接焊缝尚应在其下部凸起 2～4 mm，焊口两侧各凸起 4～7 mm 的长度。引下母线采用搭接焊时，其焊缝的加强高度应不小于引下母线的厚度，接头表面应无肉眼可见的裂缝、凹陷、缺肉、气孔及夹渣等缺陷，咬边深度不得超过母线厚度的 10%，总长度不得超过焊缝长度的 20%。采用气焊或碳弧焊焊接的接头，应以 60 ℃～80 ℃ 的清水将残存的焊药和熔渣清除干净。

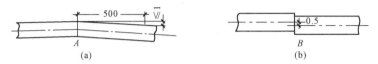

图 3-52 母线焊接要求

(a)对口允许弯折偏移；(b)对口中心允许偏移

为了确保焊缝质量，在正式焊接之前，焊工应经考试合格。考试试样的焊接材料、接头形式、焊接位置、工艺要求等均应与实际施工相同。所焊试件中，管形母线取两件，其他母线取一件，按下列项目进行检验，当其中有一项不合格时，应加倍取样重复试验，如仍不合格，则认为考试不合格。

1)表面及断口检验，焊缝表面不应有凹陷、裂纹、未熔合、未焊透等缺陷。

2)焊缝应采用 X 光无损探伤，其质量检验应按有关标准的规定。

3)焊缝抗拉强度试验，铝及铝合金母线，其焊接接头的平均最小抗拉强度不得低于原材料的 75%。

4)直流电阻测定，焊缝直流电阻应不大于同截面、同长度的原金属的电阻值。

母线对接焊缝设置部位应符合下列要求：

1)离支持绝缘子母线夹板边缘不小于 50 mm。

2)同一片母线上宜减少对接焊缝，两焊缝间的距离应不小于 200 mm。

3)同相母线不同片上的直线段的对接焊缝，其错开位置应不小于 50 mm。

3.6.3.6 母线的安装

母线安装时，室内配电装置最小安全净距应符合表 3-18 的规定。当电压值超过本级电压时，其安全净距应采用高一级电压的安全净距规定值。

表 3-18 室内配电装置最小安全净距   mm

项目	额定电压		
	1～3 kV	6 kV	10 kV
带电部分至地及不同相带电部分之间/A	75	100	125
带电部分至栅栏(B_1)	825	850	875
带电部分至栅栏(B_2)	175	200	225
带电部分至板状遮挡(B_3)	105	130	155
无遮拦裸导体至地面(C)	2 375	2 400	2 425

项目	额定电压		
	1～3 kV	6 kV	10 kV
不同分段的无遮拦裸导体间(D)	1 875	1 900	1 925
出线套管至家外通道路面(E)	4 000	4 000	4 000

母线安装应平整美观，且母线水平安装时，两支持点间高度误差不宜大于 3 mm，全长的误差不宜大于 10 mm。垂直安装时，两支持点间垂直误差不宜大于 2 mm，全长的误差不宜大于 5 mm，母线排列间距应均匀一致，误差不大于 5 mm。

母线在绝缘子上的固定方法通常有 3 种，第一种方法是用螺栓直接将母线拧在瓷瓶上，如图 3-53 所示。这种方法需事先在母线上钻椭圆形孔，以便在母线温度变化时，使母线有伸缩余地，不致拉坏瓷瓶。第二种方法是用卡板，如图 3-54 所示，这种方法只要把母线放入卡板内，将卡板扭转一定角度卡住母线即可。第三种方法是用夹板固定，如图 3-55 所示。

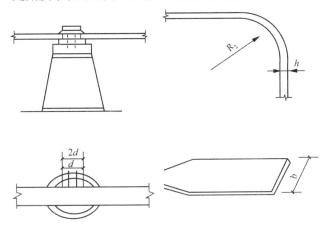

图 3-53 母线用螺栓连接

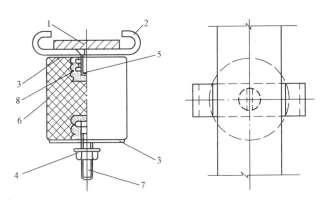

图 3-54 母线用卡板固定

1—母线；2—30 mm×5 mm 母线卡子；

3—红钢纸 δ＝0.5 mm 垫圈；4—M10 螺母；

5—M10×30 mm 沉头螺钉；6—绝缘子；7—M10×40 螺栓；8—填料

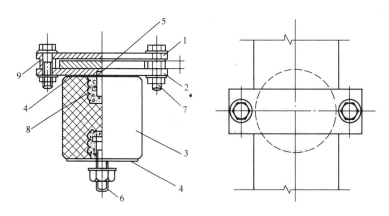

图 3-55 母线用夹板固定

1—上夹板；2—下夹板；3—绝缘；4—红钢纸 $\delta=0.5$ mm 垫圈；

5—M10×30 mm 沉头螺钉；6—M10×40 mm 螺栓；

7—M8×40 mm 螺栓；8—M10 螺母；9—套筒

母线固定在瓷瓶上，可以平放，也可以立放，视需要而定。当母线水平放置且两端有拉紧装置时，母线在中间夹具内应能自由伸缩。如果在瓷瓶上有同一回路的几条母线，无论平放还是立放，均应采用特殊夹板，如图 3-56 所示。当母线平放时，应使母线与上部压板保持 1~1.5 mm 的间隙；当母线立放时，应使母线与上部压板保持 1.5~2 mm 的间隙。这样，在母线通过负荷电流或短路电流受热膨胀时就可以自由伸缩，不致损伤瓷瓶。

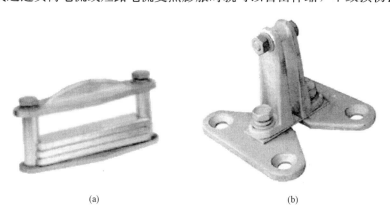

(a)   (b)

图 3-56 多片矩形母线的固定

(a)矩形母线平放固定；(b)矩形母线立放固定

当母线的工作电流大于 1 500 A 时，相交流母线的固定夹板具或其他支持夹具不应构成闭合磁路，否则应按规定采用非磁性固定夹具或其他措施。

3.6.3.7 母线补偿装置的安装

变配电装置中安装的母线，应按设计规定装设补偿器。若设计无规定时，宜每隔以下长度设置一个：铝母线 20~30 m，铜母线 30~50 m，钢母线 35~60 m。

补偿器的装设是为了使母线热胀冷缩时有一个可伸缩的余地，不然会对母线或支持绝缘子产生破坏作用。补偿器又称伸缩节或伸缩接头，有铜、铝两种，如图 3-57 和表 3-19 所示。钢制的母线补偿器的制作工艺过程为：将 0.2～0.5 mm 厚的紫铜片裁成与母线宽度相同的条子，多片叠装后其总截面应不小于母线截面的 1.2 倍，每片长度为母线的 5 倍；下好料后将每片两端为母线宽度 1.1～1.2 倍的那一段，用砂布除去氧化层，涂上焊锡油后在锡锅中镀锡（所用锡锅要大些）；所有单片两端都镀好锡后，把它们叠在一起，整齐后用自制的夹板（夹板用 10 mm 钢板制成方形四角钻孔），将补偿器两端镀锡段夹紧，然后对夹板用气焊进行加热，加热到一定温度时焊锡开始熔化，此时应将夹板逐步再夹紧，同时继续加热，直到夹紧至最小厚度为止，停止加热，再对另一端以同样的方法进行制作。全部制作完毕，按要求钻孔并与母线连接。

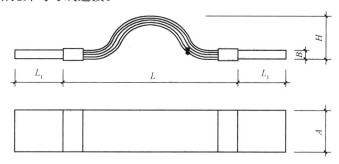

图 3-57　母线伸缩节

表 3-19　母线与母线连接的伸缩节尺寸表

型号规格	主要尺寸/mm				
	A	B	H	L_1	L_2
SHB$_2$—50×5	50	5	50	75	160
SHB$_2$—60×6	60	6	50	90	160
SHB$_2$—80×6	80	6	50	90	180
SHB$_2$—80×8	80	8	60	90	180
SHB$_2$—100×8	100	8	60	110	190
SHB$_2$—100×10	100	10	60	110	190
SHB$_2$—120×8	120	8	60	130	190
SHB$_2$—120×10	120	10	60	130	190
SHB$_2$—120×12	120	12	60	130	190

3.6.3.8　母线涂色刷油

（1）母线排列顺序。母线安装顺序的排列和涂色应按设计规定。如无设计规定时，应遵守下列规定（以面对柜或设备正视方向为准）。

1）上下布置的母线。

交流：L1、L2、L3 相的排列应由上向下；

直流：正、负极的排列应由上向下。

2）水平布置的母线。

交流：L1、L2、L3 相排列应由内向外；

直流：正、负极的排列应由内向外。

3）引下线的母线。

交流：L1、L2、L3 相应从左向右；

直流：正、负极的排列应从左至右。

4）交流三相四线时，中性母线的位置应分别在相线的下面或外面或右面。

（2）导线应按下列规定涂刷相色油漆。

1）三相交流母线：L1 相—黄色，L2 相—绿色，L3 相—红色。

2）单相交流母线：从三相母线分支来的应与引出相颜色相同。

3）直流母线：正极—赭色，负极—蓝色。

4）直流均衡汇流母线及交流中性汇流母线不接地者—紫色，接地者—紫色带黑色条纹。

5）母线在下列各处应涂刷相色油漆：单片母线的所有各面，多片母线的所有可见面，钢母线的所有表面。

6）母线在下列各处不应涂相色漆：母线的螺栓连接处及支持连接处；母线与电器的连接以及距所有连接处 10 mm 以内的地方；供携带型接地线连接用的接触面上。不刷色部分的长度应为母线的宽度，但不应小于 50 mm，并应以宽度为 10 mm 的黑色带与母线相色部分隔开。

7）母线刷相色漆应符合以下要求：室外软母线、封闭母线应在两端和中间适当部位涂相色漆；单片母线的所有面及多片、槽形、管形母线的所有可见面均应涂相色漆；钢母线的所有表面应涂防腐相色漆。刷漆应均匀，无起层、皱皮等缺陷，并应整齐一致。

3.6.3.9 检查送电

母线安装完后，要全面地进行检查，清理工作现场的工具、杂物，并与有关单位人员协商好，请无关人员离开现场。母线送电前应进行耐压试验，500 V 以下母线可用 500 V 摇表摇测，绝缘电阻不小于 0.5 mΩ。送电要有专人负责，送电程序应为先高压、后低压；先干线，后支线；先隔离开关，后负荷开关。停电时与上述顺序相反。车间母线送电前应先挂好有电标志牌，并通知有关单位及人员送电后应有指示灯。

3.7 导线的连接

在进行电气线路、设备的安装过程中，如果当导线不够长或要分接支路时，就需要进行导线与导线间的连接。常用导线的线芯有单股、7 芯和 19 芯等几种，连接方法随芯线的金属材料、股数不同而异。

3.7.1 导线的连接要求

导线连接是电工作业的一项基本工序，也是一项十分重要的工序。导线连接的质量直接关系到整个线路能否安全可靠地长期运行。对导线连接的基本要求如下：

(1)接触紧密，使接头处电阻最小。

(2)连接处的机械强度与非连接处相同。

(3)耐腐蚀。

(4)接头处的绝缘强度与非连接处导线绝缘强度相同。

3.7.2 导线的连接步骤

对于绝缘导线的连接，其基本步骤为剥切绝缘层、线芯连接(焊接或压接)、恢复绝缘层。

3.7.2.1 剥切绝缘层

在导线连接前，需要把导线端部的绝缘层剥去，剥去绝缘层的长度，依照接头方法和导线截面不同而不同。剥切方法通常有单层剥法、分段剥切法和斜削法三种。单层剥法适用于塑料电导线；分层剥法适用于绝缘层较多的导线，如橡皮线、铅皮线等；斜削法就是像削铅笔一样；导线绝缘层剥切后的形状如图 3-58 所示。

剥切时，不要割伤线芯，否则会降低导线的机械强度，会因截面减少而增加电阻。

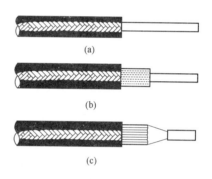

图 3-58　导电线绝缘层剥切后的形状

(a)单层剥法；(b)分段剥切法；(c)斜削法

3.7.2.2 线芯连接(焊接或压接)

(1)单芯铜导线连接。

1)直接连接。单芯铜导线直线连接有绞接法和缠卷法。

①绞接法适用于 4.0 mm² 及以下的单芯线连接。将两线互相交叉，用双手同时把两芯线互绞 2～3 圈后，扳直与连接线成 90°，将每个芯线在另一芯线上缠绕 5 圈，剪断余头，如图 3-59 所示。

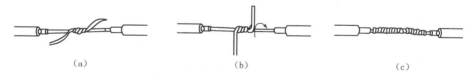

(a)　　　　　　　　　　　(b)　　　　　　　　　　　(c)

图 3-59　直线连接的绞接法

②缠卷法有加辅助线和不加辅助线两种，适用于 6.0 mm² 及以上的单芯线直接连接。将两线相互并合，加辅助线(填一根同径芯线)后，用绑线在并合部位中间向两端缠卷，长度为

导线直径的 10 倍。然后将两线芯端头折回，在此向外再单卷 5 圈，与辅助线捻绞 2 圈，余线剪掉，如图 3-60 所示。

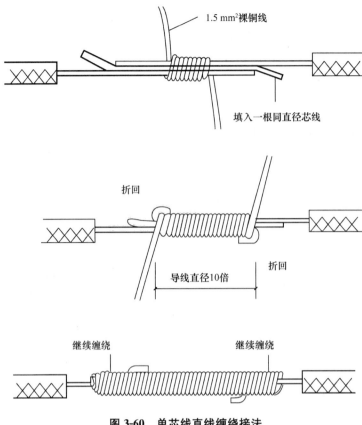

图 3-60　单芯线直线缠绕接法

2)分支连接。单股铜导线的 T 字分支连接如图 3-61 所示，将支路芯线的线头紧密缠绕在干路芯线上 5~8 圈后剪去多余线头即可。对于较小截面的芯线，可先将支路芯线的线头在干路芯线上打一个环绕结，再紧密缠绕 5~8 圈后剪去多余线头即可。

单股铜导线的十字分支连接如图 3-62 所示，将上下支路芯线的线头紧密缠绕在干路芯线上 5~8 圈后剪去多余线头即可。可以将上下支路芯线的线头向一个方向缠绕，也可以向左右两个方向缠绕。

3)并接连接。

①处将芯线捻绞 2 圈，留余线适当长剪断、折回压紧，防止线端部插破所包扎的绝缘层，如图 3-63 所示。

②单芯线并接三根及以上导线时，将连接线端相并合，在距绝缘层 15 mm 处用其中一根芯线，在其连接线端缠绕 5 圈剪断。把余线头折回压在缠绕线上，如图 3-64 所示。

③不同直径的导线并接头，若细导线为软线时，则应先进行挂锡处理。先将细线在粗线上距离绝缘层 15 mm 处交叉，并将线端部向粗线端缠卷 5 圈，将粗线端头折回，压在细线上，如图 3-65 所示。

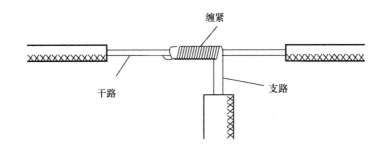

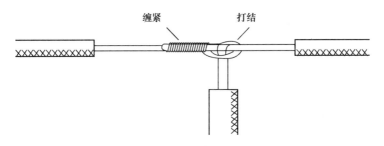

图 3-61 单股铜导线的 T 字分支连接

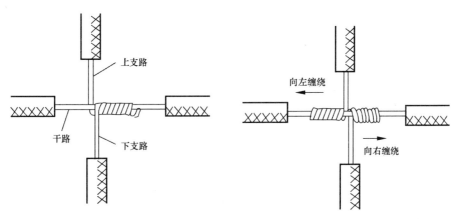

图 3-62 单股铜导线的十字分支连接

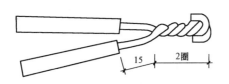

图 3-63 两根单芯线并接头

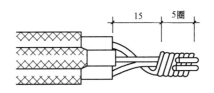

图 3-64 三根及以上单芯线并接头

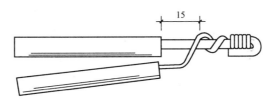

图 3-65 不同线径导线接头

4)压接连接。单芯铜导线塑料压线帽压接，可以用在接线盒内铜导线的连接，也可用在夹板配线的导线连接。单芯铜导线塑料压线帽，用于 1.0～4.0 mm² 铜导线的连接，是将导线连接管(镀银紫铜管)和绝缘包缠复合为一体的接线器件，外壳用尼龙注塑成型。

使用压线帽进行导线连接时，在导线的端部剥削绝缘后，根据压线规格、型号分别露出线芯长度 13 mm、15 mm、18 mm 插入压线帽内。如填不实，再用 1～2 根同材质、同线径的线芯插入压线帽内填补，也可以将线芯剥出后回折插入压线帽内，使用专用阻尼式手握压力钳压实。

(2)多芯铜导线连接。

1)直线连接。先将剖去绝缘层的芯线头散开并拉直，然后把靠近绝缘层约 1/3 线段的芯线绞紧，接着把余下的 2/3 芯线分散成伞状，并将每根芯线拉直，如图 3-66(a)所示。把两个伞状芯线隔根对叉，并将两端芯线拉平，如图 3-66(b)所示。以 7 芯铜导线为例，把其中一端的 7 股芯线按 2 根、3 根分成 3 组，把第一组两根芯线扳起，垂直于芯线紧密缠绕，如图 3-66(c)所示。缠绕两圈后，把余下的芯线向右拉直，把第二组的两根芯线扳直，与第一组芯线的方向一致，压着前两根扳直的芯线紧密缠绕，如图 3-66(d)所示。缠绕两圈后，也将余下的芯线向右扳直，把第三组的三根芯线扳直，与前两组芯线的方向一致，压着前四根扳直的芯线紧密缠绕，如图 3-66(e)所示。缠绕三圈后，切去每组多余的芯线，钳平线端，如图 3-66(f)所示。除芯线缠绕方向相反，另一侧的制作方法与前述相同。

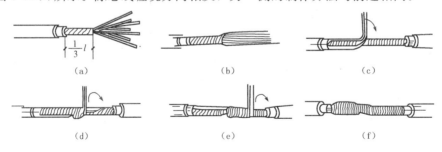

(a)   (b)   (c)

(d)   (e)   (f)

图 3-66　7 芯铜线的直线连接

2)分支连接。以 7 芯铜导线为例，把分支芯线散开钳平，将距离绝缘层 1/8L 处的芯线绞紧，再把支路线头 7/8 的芯线分成 4 根和 3 根两组，并排齐；然后用螺钉旋具把干线的芯线撬开分为两组，把支线中 4 根芯线的一组插入干线两组芯线之间，把支线中另外 3 根芯线放在干线芯线的前面，如图 3-67(a)所示。把 3 根芯线的一组在干线右边紧密缠绕 3～4 圈，钳平线端；再把 4 根芯线的一组按相反方向在干线左边紧密缠绕，如图 3-67(b)所示。缠绕 4～5 圈后，钳平线端，如图 3-67(c)所示。

7 芯铜线的直线连接方法同样适用于 19 芯铜导线，只是芯线太多可剪去中间的几根芯线；连接后，需要在连接处进行钎焊处理，这样可以改善导电性能和增加其力学强度。19 芯铜线的 T 形分支连接方法与 7 芯铜线也基本相同。将支路导线的芯线分成 10 根和 9 根两组，而把其中 10 根芯线那组插入干线中进行绕制。

3)人字连接。多芯铜导线的人字连接，适用于配电箱内导线的连接，在一些地区也用于进户线与接户线的连接。多芯铜导线人字连接时，按导线线芯的接合长度，剥去适当长度的绝缘层，并各自分开线芯进行合拢，用绑线进行绑扎，绑扎长度应为双根导线直径的5倍，如图3-68所示。

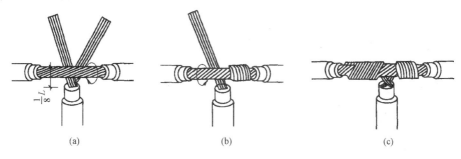

图 3-67　7 芯铜线的 T 形连接

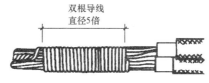

图 3-68　多芯铜导线人字连接

4）用接线端子连接。铜导线与接线端子连接适用于 2.5 mm² 以上的多股铜芯线的终端连接。常用的连接方法有锡焊连接和压接连接。铜导线和端子连接后，导线芯线外露部分应小于 1～2 mm。锡焊连接是把铜导线端头和铜接线端子内表面涂上焊锡膏，双根导线放入熔化好的焊锡锅内挂满焊锡，将导线插入端子孔内，冷却即可。

铜导线与端子压接可使用手动液压钳及配套的压模进行压接。剥去导线绝缘层的长度要适当，不要碰伤线芯。清除接线端子孔内的氧化膜，将芯线插入，用压接钳压紧。

（3）铜导线锡焊连接。

1）电烙铁锡焊。如果铜芯导线截面面积不大于 10 mm²，它们的接头可用 150 W 电烙铁进行锡焊。可以先将接头上涂一层无酸焊锡膏，待电烙铁加热后，再进行锡焊即可。

2）浇焊。对于截面面积大于 16 mm² 的铜芯导线接头，常采用浇焊法。首先将焊锡放在化锡锅内，用喷灯或电炉使其熔化，待表面呈磷黄色时，说明焊锡已经达到高热状态，然后将涂有无酸焊锡膏的导线接头放在锡锅上面，再用勺盛上熔化的锡，从接头上面浇下，如图3-69所示。因为起初接头较凉，锡在接头上不会有很好的流动性，所以应持续浇下去，使接头处温度提高，直到全部缝隙焊满为止。最后用抹布擦去焊渣即可。

（4）铝导线的连接。

1）单股铝导线压接。由于铝极易氧化，而铝氧化膜的电阻率很高，严重影响导线的导电性能，所以，铝芯导线直线连接不宜采用铜芯导线的方法进行，一般采用压接管压接法连接。单芯铝线压接适用于 10 mm² 及以下的单芯铝线。将导线的绝缘层剥削掉，清除导线氧化膜并涂中性凡士林油膏。压接用的铝套管的槽中心线要在同一直线上。

当采用圆形套管压接时，将铝芯线分别在铝套管两端插入，各插到套管一半处，用压接钳压接成型，如图 3-70 所示。

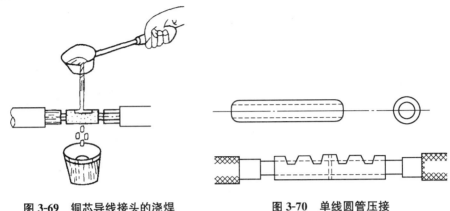

图 3-69　铜芯导线接头的浇焊　　　　　图 3-70　单线圆管压接

当采用椭圆形套管时，应使两线对接后，线头分别露出套管两端 4 mm，然后用压接钳压接成形，如图 3-71 所示。

单股铝线分支连接时，可采用椭圆形铝套管压接，如图 3-72 所示。

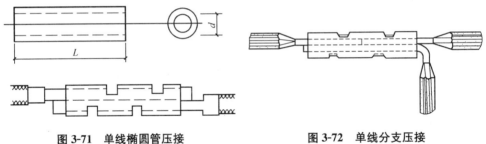

图 3-71　单线椭圆管压接　　　　　　　图 3-72　单线分支压接

铝导线在接线盒内压接时，待导线绝缘层剥去后，露出长度一般为 30 mm，将导线表面处理干净，把芯线插入适合线径的铝管内，使用专用端头压接钳把铝管和线芯压实两处，达到线管一体。

单芯铝导线塑料压线帽接线是将导线连接管（铝合金套管）和绝缘包扎复合为一体的接线器件，适用 2.5 mm² 和 4.0 mm² 铝导线的连接。在导线的端部剥削绝缘后露出长 18 mm 线芯，插入压线帽内；若填不实可以再用 1～2 根同材质、同线径的线芯插入压线帽内，也可以将导线绝缘层剥削后露出适当长度的线芯后回折插入压线帽内，使用专用阻尼式手握压力钳压实。

塑料螺旋接线钮适用于 6 mm² 及以下的单芯铝线。采用塑料绝缘螺旋接线钮连接时，导线剥去绝缘后，把连接芯线并齐捻绞，保留芯线约为 15 mm 剪去前端，使之整齐，然后选择合适的接线钮，顺时针方向旋紧，要把导线绝缘部分拧入接线钮的导线空腔内。塑料螺旋接线钮的选用和做法，如图 3-73 所示。

2）多股铝导线压接。截面为 16～240 mm² 铝导线可采用机械压钳或手动油压钳压接。铝压接管的铝纯度应高于 99.5%。

图 3-73　塑料螺旋接线钮的选用和做法

(a)剥线；(b)捻绞；(c)剪断；(d)旋紧

　　压接前，先把两根导线端部的绝缘层剥去。每端剥去长度为连接管长度的一半加上 5 mm，然后散开线芯，用钢丝刷将每根导线表面的氧化膜刷去，并立即在线芯上涂以石英粉和中性凡士林油膏，再把线芯恢复原来的绞合形状。同时，用圆锉除去连接管内壁的氧化膜和油垢，涂一薄层石英粉和中性凡士林油膏。中性凡士林油膏的作用是使铝表面与空气隔绝，不再氧化。石英粉(细度应为 10 000 孔)的作用是帮助在压接时挤破氧化膜，二者的质量比为 1∶1 或 1∶2(凡士林)。涂上石英粉和中性凡士林油膏后，分别将两根导线插入连接管内，插入长度为各占连接管的一半，并相应划好压坑的标记。根据连接导线截面的大小，选好压模装到钳口内。

　　压接时，可按图 3-74 所示的顺序进行，共压四个坑。先压管两端的坑，然后压中间两个坑。四个坑的中心线应在同一条直线上。压坑时，应该一次压成，中间不能停顿，直到上下模接触为止。压完一个坑后，稍停 10～15 min，待局部变形继续完成稳定后，就可松开压口，再压第二个口，依次进行。压接深度、压口数量和压接长度应符合产品技术文件的有关规定。压完后，用细齿锉刀锉去压坑边缘及连接端部因被压而翘起的棱角，并用砂布打光，再用浸蘸汽油的抹布擦净。

图 3-74　直接连接压坑顺序

　　3)多股铝导线的分支线压接。压接操作基本与上述相同。压接时，可采用两种方法，一种是将干线断开，与分支线同时插入连接管内进行压接，如图 3-75 所示。为使线芯与线管内壁接触紧密，线芯在插入前除应尽量保持整圆外，线芯与管子空隙部分可补填一些铝线。铝接管规格的选择，可根据主线与分线总的截面面积考虑。

　　另一种方法是不断开主干线，而采用围环法压接，也就是用开口的铝环，套在并在一起的主线和支线上，将铝环的开口卷紧叠合后，再进行压接。

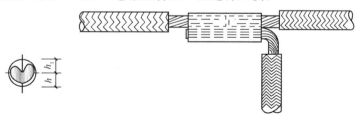

图 3-75　多股铝导线分支连接

4)铝导线的焊接。电阻焊是用低电压大电流通过铝线连接处(或炭棒本身)的接触电阻产生的热量,将全部铝芯熔接在一起的连接方法。焊接时需要降压变压器(或电阻焊机)容量为1~2 kV·A,二次电压为6~36 V。配用一种特殊焊钳,焊钳上用两根直径为8 mm的炭棒作电极,焊钳引线采用10 mm² 的铜芯橡皮绝缘软线。

焊接前,应先按焊接长度接好线,把连接线端相并合,用其中一根芯线在其他连接线上缠绕3~5圈后顺直,按适当长度剪断,如图3-76所示。

接线后应随即在线头前端沾上少许用温开水调合成糊状的铝焊药,接通电源后,将两个电极碰在一起,待电极端都发红时(长约5 mm),立即分开电极,夹在沾了焊药的线头上,待铝线开始熔化时,慢慢撤去焊钳,使其熔成小球,如图3-77所示。然后趁热浸入清水中,清除焊渣和残余焊药。

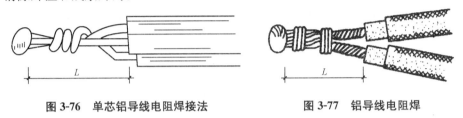

图 3-76　单芯铝导线电阻焊接法　　　　图 3-77　铝导线电阻焊

另一种方法是将两电极相碰并稍成一个角度,待电极端部发红时,直接去接触导线连接的端头(线端应朝下),待铝线熔化后向上托一下焊钳,使焊点端部形成圆球状。如果连接线端面较大时,可把电极在线端做圆圈形移动,待全部芯线熔化时,再向上托一下,撤下电极后再将电极分开,这样导线端都可以形成蘑菇状。焊接后应将导线立即蘸清水除去导线上残余的焊渣和焊药。

气焊前将铝导线芯线剥开、顺直、合拢,用绑线把连接部分做临时缠绑。导线绝缘层处用浸过水的石棉绳包好。焊接时火焰的焰心距离焊接点2~3 mm,当加热至熔点时,即可加入铝焊粉,借助焊药的填充和跳动,即可使焊接处的铝芯相互融合,而后焊枪逐渐向外端移动,直到焊完,然后立即蘸清水清除焊药。铝导线的气焊连接如图3-78所示。

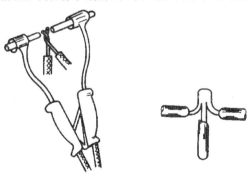

图 3-78　多芯铝导线气焊

熔焊连接的焊缝不应有凹陷、夹渣、断股、裂缝及根部未焊合的缺陷。焊缝的外形尺寸应符合焊接工艺评定文件的规定,焊接后应清除残余焊药和焊渣。

3.7.2.3 恢复绝缘层

当发现导线绝缘层破损或完成导线连接后，一定要恢复导线的绝缘。要求恢复后的绝缘强度不应低于原有绝缘层。所用材料通常是黄蜡带、涤纶薄膜带和黑胶带，黄蜡带和黑胶带一般选用宽度为 20 mm。

(1)直线连接接头的绝缘恢复。

1)首先将黄蜡带从导线左侧完整的绝缘层上开始包缠，包缠两根带宽后再进入无绝缘层的接头部分，如图 3-79(a)所示。

2)包缠时，应将黄蜡带与导线保持约 55°的倾斜角，每圈叠压带宽的 1/2 左右，如图 3-79(b)所示。

3)包缠一层黄蜡带后，把黑胶布接在黄蜡带的尾端，按另一斜叠方向再包缠一层黑胶布，每圈仍要压叠带宽的 1/2，如图 3-79(c)、(d)所示。

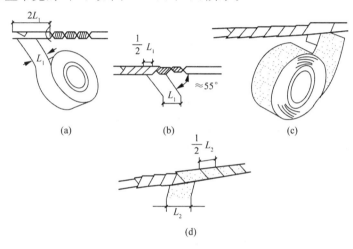

图 3-79 直线连接接头的绝缘恢复

(2)T 形连接接头的绝缘恢复。

1)首先将黄蜡带从接头左端开始包缠，每圈叠压带宽的 1/2 左右，如图 3-80(a)所示。

2)缠绕至支线时，用左手拇指顶住左侧直角处的带面，使它紧贴于转角处芯线，而且要使处于接头顶部的带面尽量向右侧斜压，如图 3-80(b)所示。

3)当围绕到右侧转角处时，用手指顶住右侧直角处带面，将带面在干线顶部向左侧斜压，使其与被压在下边的带面呈 X 状交叉，然后把带再回绕到左侧转角处，如图 3-80(c)所示。

4)使黄蜡带从接头交叉处开始在支线上向下包缠，并使黄蜡带向右侧倾斜，如图 3-80(d)所示。

5)在支线上绕至绝缘层上约两个带宽时，黄蜡带折回向上包缠，并使黄蜡带向左侧倾斜，绕至接头交叉处，使黄蜡带围绕过干线顶部，然后开始在干线右侧芯线上进行包缠。如图 3-80(e)所示。

6)包缠至干线右端的完好绝缘层后，再接上黑胶带，按上述方法包缠一层即可，如图 3-80(f)所示。

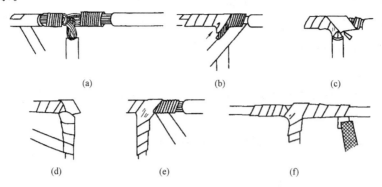

图 3-80　T 形连接接头的绝缘恢复

(3)十字形连接接头的绝缘恢复。对导线的十字分支接头进行绝缘处理时，包缠方向如图 3-81 所示，走一个十字形的来回，使每根导线上都包缠两层绝缘胶带，每根导线也都应包缠到完好绝缘层的两倍胶带宽度处。

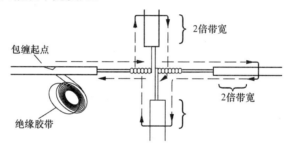

图 3-81　十字形连接接头的绝缘恢复

(4)注意事项。

1)在为工作电压为 380 V 的导线恢复绝缘时，必须先包缠 1～2 层黄蜡带，然后再包缠一层黑胶带。

2)在为工作电压为 220 V 的导线恢复绝缘时，应先包缠一层黄蜡带，然后再包缠一层黑胶带，也可只包缠两层黑胶带。

3)包缠绝缘带时，不能过疏，更不能露出芯线，以免造成触电或短路事故。

4)绝缘带平时不可放以在温度很高的地方，也不可以浸染油类。

⬛➤ 项目总结

敷设在建筑物内的配线统称为室内配线，也称室内配线工程。室内配线分为明配和暗配两种。明配是敷设于墙壁、顶棚的表面及桁架等处；暗配是敷设于墙壁、顶棚、地面及楼板等处的内部。

在室内线管配线施工中，线管弯曲后的角度不应小于90°，否则会给穿线造成困难。管子的弯曲半径应符合要求，明配时，一般不小于管外径的6倍；只有1个弯时，不小于管外径的4倍。暗配时，一般不小于管外径的6倍；埋于地下或混凝土内时，不小于管外径的10倍。

钢管连接应采用管箍连接，管箍两端应焊接地线，使钢管成为一可靠导体。管径大于50 mm的钢管可用套管连接，套管长度为连接管外径的1.5～3倍。

钢管暗敷设时，应保证管子与墙或地面表面净距不小于15 mm。明配管应排列整齐、美观、固定点均匀。无论线管明配或暗配，在经过伸缩缝时，都应保证线管能自然伸缩。

管内穿线时应严格按规范要求进行，不同回路、不同电压的导线，交流与直流的导线不得穿在同一根管内，但同一交流回路的导线必须穿在同一根钢管内，否则随着电流的增大，钢管发热现象将变得严重，容易损坏导线绝缘，造成相间短路，损坏设备。

普利卡金属套管敷设在车间动力配线中应用广泛，普利卡管连接应紧密牢固。用普利卡金属切割刀将线管切断后，应除净管口处毛刺，防止在敷设管时划伤手臂或损坏导线绝缘层。普利卡金属套管与盒(箱)连接时，应使用线箱连接器进行连接。在管与管及管与盒(箱)连接处应按规定做好跨接地线。

用于配线的线槽按材质分为金属线槽和塑料线槽。金属线槽一般适用于正常环境(干燥和不易受机械损伤)的室内场所明敷设。金属线槽多由厚度为0.4～1.5 mm的钢板制成。塑料线槽敷设一般适用于正常环境的室内场所，在高温和易受机械损伤的场所不宜采用。弱电线路可采用难燃型带盖塑料线槽在建筑顶棚内敷设。

钢索配线是由钢索承受配电线路的全部荷载，将绝缘导线、配件和灯具吊钩在钢索上，适用于大跨度厂房、车库和仓储等场所的使用。钢索吊管配线敷设后，弛度不应大于100 mm，用花篮螺栓调节后，弛度仍达不到要求时，应增设中间吊钩。

车间硬母线可作车间动力配电干线，也可以作为变电所高低压母线，常用的有铜、铝矩形母线，硬母线施工应严格按施工工艺进行。硬母线的连接有焊接和搭接两种。变配电装置中安装的母线，应按设计规定装设补偿器，无规定时，铜母线30～50 m设置一个，铝母线20～30 m设置一个。

导线连接是电工作业的一项基本工序，也是一项十分重要的工序。导线连接的质量直接关系到整个线路能否安全可靠地长期运行。对导线连接的基本要求是：

(1)接触紧密，使接头处电阻最小。

(2)连接处的机械强度与非连接处相同。

(3)耐腐蚀。

(4)接头处的绝缘强度与非连接处导线绝缘强度相同。

(1)室内导线常用的敷设方式有哪些?分别适用于什么环境和条件?

(2)室内配线一般技术要求是什么?

(3)何为线管明配和暗配?其基本要求各是什么?

(4)钢管配线时,对管子弯曲半径的大小是如何规定的?

(5)钢管的连接通常采用哪些方法?

(6)管内穿线有哪些要求和规定?

(7)简述普利卡金属套管敷设方法及要求。

(8)常用的线槽有哪几种?敷设时有什么要求?

(9)简述金属线槽配线施工方法。

(10)钢索配线敷设后的弛度要求是如何规定的?如果超过要求值,应采用什么办法解决?

(11)简述钢索的安装方法。

(12)母线搭接时,对其搭接面有何要求?

(13)安装母线时,其相序排列的规定有哪些?

(14)绝缘导线连接的基本要求是什么?

(15)简述各绝缘导线的连接方法。

项目 4 电气照明装置安装

1. 熟悉照明灯具、配电箱、开关、插座和风扇的安装方法。
2. 掌握配电箱、开关和插座的安装高度、安装偏差等要求。

1. 能根据施工图纸，正确识别照明灯具、照明配电箱、开关及插座。
2. 能根据电气照明装置的施工工工序及技术要求，进行照明灯具、照明配电箱、开关和插座等安装。
3. 能根据建筑工程质量验收方法及验收规范，进行电气照明装置的质量检验。

4.1 照明灯具的安装

进行照明装置安装之前，土建应具有如下条件：

第一，对灯具安装有妨碍的模板、脚手架应拆除；

第二，顶棚、墙面等的抹灰工作及表面装饰工作已完成，并结束场地清理工作。

照明装置安装施工中使用的电气设备及器材，均应符合国家或部颁的现行技术标准，并具有合格证件，设备应有铭牌。所有电气设备和器材到达现场后，应做仔细的验收检查，不合格或有损坏的均不能用以安装。

4.1.1 灯具的安装要求

(1)灯具的安装要求。

1)用钢管作灯具的吊杆时，钢管内径不应小于 10 mm，钢管壁厚不应小于 1.5 mm。

2)吊链灯具的灯线不应受拉力，灯线应与吊链编叉在一起。

3)软线吊灯的软线两端应作保护扣，两端芯线应搪锡。

4)同一室内或场所成排安装的灯具，其中心线偏差不应大于 5 mm。

5)荧光灯和高压汞灯及其附件应配套使用，安装位置应便于检修。

6)灯具固定应牢固可靠，每个灯具固定用的螺钉或螺栓不应少于 2 个；若绝缘台直径为 75 mm 以下，可采用 1 个螺钉或螺栓固定。

7)室内照明灯距地面高度不得低于 2.5 m，受条件限制时可减为 2.2 m，低于此高度时，应进行接地或接零加以保护，或用安全电压供电。当在桌面上方或其他人不能够碰到的地方时，允许高度可减为 1.5 m。

8)安装室外照明灯时，一般高度不低于 3 m，墙上灯具允许高度可减为 2.5 m，不足以上高度时，应加保护措施，同时尽量防止风吹而引起的摇动。

（2）螺口灯头的接线要求。

1)相线应接在中心触点的端子上，中性线应接在螺纹端子上。

2)灯头的绝缘外壳不应有破损和漏电。

3)对带开关的灯头，开关手柄不应有裸露的金属部分。

（3）其他要求。

1)灯具及配件应齐全，且无机械损伤、变形、油漆剥落和灯罩破裂等缺陷。

2)根据灯具的安装场所及用途，引向每个灯具的导线线芯最小截面面积应符合表 4-1 的规定。

表 4-1　导线线芯最小截面面积　　　　　　　　　　　　　　　mm²

灯具的安装场所及用途		线芯最小截面面积		
		铜芯软线	铜线	铝线
灯头线	民用建筑室内	0.5	0.5	2.5
	工业建筑室内	0.5	1.0	2.5
	室外	1.0	1.0	2.5

3)灯具不得直接安装在可燃构件上，当灯具表面高温部位靠近可燃物时，应采取隔热、散热措施。

4)在变电所内，高压、低压配电设备及母线的正上方，不应安装灯具。

5)对装有白炽灯泡的吸顶灯具，灯泡不应紧贴灯罩，当灯泡与绝缘台之间的距离小于 5 mm 时，灯泡与绝缘台之间应采取隔热措施。

6)公共场所用的应急照明灯和疏散指示灯，应有明显的标志。无专人管理的公共场所照明宜装设自动节能开关。

7)每套路灯应在相线上装设熔断器，由架空线引入路灯的导线，在灯具入口处应做防水弯。

8)固定在移动结构上的灯具，其导线宜敷设在移动构架的内侧，当移动构架活动时，导线不应受拉力和磨损。

9)当吊灯灯具质量超过 3 kg 时，应采取预埋吊钩或螺栓固定；当软线吊灯灯具质量超过 1 kg 时，应增设吊链。

10)投光灯的底座及支架应固定牢靠，枢轴应沿需要的光轴方向拧紧固定。

11)安装在重要场所的大型灯具的玻璃罩，应按设计要求采取防止碎裂后向下溅落的措施。

4.1.2 灯具的安装

4.1.2.1 吊灯的安装

根据灯具的悬吊材料不同，吊灯分为软线吊灯、吊链吊灯和钢管吊灯。

(1)位置的确定。成套(组装)吊链荧光灯，灯位盒埋设，应先考虑好灯具吊链开档的距离。安装简易直管吊链荧光灯的两个灯位盒中心之间的距离应符合下列要求：

1)20W 荧光灯为 600 mm。

2)30W 荧光灯为 900 mm。

3)40W 荧光灯为 1 200 mm。

灯具吊装方式如图 4-1 所示。

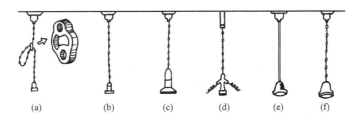

图 4-1 灯具吊装方式

(a)自在器线吊式；(b)固定线吊式；(c)防水线吊式；

(d)吊线器式(即人字线吊式)；(e)管吊式；(f)链吊式

(2)白炽灯的安装。质量在 0.5 kg 及以下的灯具可以使用软线吊灯安装。当灯具质量大于 0.5 kg 时，应增设吊链。软线吊灯由吊线盒、软线和吊式灯座及绝缘台组成。除敞开式灯具外，其他各类灯具灯泡容量在 100 W 及以上者采用瓷质灯头。

软线吊灯的组装过程及要点如下：

1)准备吊线盒、灯座、软线、焊锡等。

2)截取一定长度的软线，两端剥出线芯，把线芯拧紧后挂锡。

3)打开灯座及吊线盒盖，将软线分别穿过灯座及吊线盒盖的孔，然后打一保险结，以防线芯接头受力。

4)软线一端线芯与吊线盒内接线端子连接，另一端的线芯与灯座的接线端子连接。

5)将灯座及吊线盒盖拧好。

塑料软线的长度一般为 2 m，两端剥出线芯拧紧挂锡，将吊线盒与绝缘台固定牢，把线穿过灯座和吊线盒盖的孔洞，打好保险扣，将软线的一端与灯座的接线柱连接，另一端与吊线盒的两个接线柱相连接，将灯座拧紧盖好。图 4-2 所示为吊灯座安装。

灯具一般由瓷质或胶木吊线盒、瓷质或胶木防水软线灯座、绝缘台组成。在暗敷设管路灯位盒上安装灯具时需要橡胶垫。使用瓷质吊线盒时，把吊线盒底座与绝缘台固定好，把防水软线灯灯座软线直接穿过吊线盒盖并做好保险扣后接在吊线盒的接线柱上。

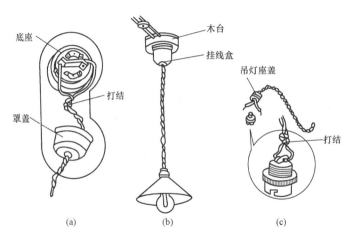

图 4-2　吊灯座安装

使用胶木吊线盒时，导线须直接通过吊线盒与防水吊灯座软线相连接，把绝缘台及橡胶垫(连同线盒)固定在灯位盒上。接线时，把电源线与防水吊灯座的软线两个接头错开 30～40 mm。软线吊灯的软线两端应作保护扣，两端芯线应搪锡。

吊链白炽灯一般由绝缘台、上下法兰、吊链、软线和吊灯座及灯罩或灯伞等组成。

拧下灯座将软线的一端与灯座的接线柱进行连接，把软线由灯具下法兰穿出，拧好灯座。将软线相对交叉编入链孔内，穿入上法兰，把灯具线与电源线进行连接包扎后，将灯具上法兰固定在绝缘台上，拧上灯泡，安装好灯罩或灯伞。

吊杆安装的灯具由吊杆、法兰、灯座或灯架及白炽灯等组成。采用钢管做吊杆时，钢管内径一般不小于 10 mm；钢管壁厚度不应小于 1.5 mm。导线与灯座连接好后，另一端穿入吊杆内，由法兰(或管口)穿出，导线露出吊杆管口的长度不小于 150 mm。安装时先固定木台，把灯具用木螺钉固定在木台上。超过 3 kg 的灯具，吊杆应吊挂在预埋的吊钩上。灯具固定牢固后再拧好法兰顶丝，使法兰在木台中心，偏差不应大于 2 mm。灯具安装好后吊杆应垂直。

(3)荧光灯的安装。吊杆安装荧光灯与白炽灯安装方法相同。双杆吊杆荧光灯安装后双杆应平行。

同一室内或场所成排安装的灯具，其中心线偏差不应大于 5 mm。灯具固定应牢固可靠，每个灯具固定用的螺钉或螺栓不应少于 2 个。

组装式吊链荧光灯包括铁皮灯架、起辉器、镇流器，灯管管座和起辉器座等附件。现在常用电子镇流、启动荧光灯，不另带起辉器、镇流器。

(4)吊式花灯的安装。当吊灯灯具质量大于 3 kg 时，应采用预埋吊钩或螺栓固定。花灯均应固定在预埋的吊钩上，吊钩圆钢的直径，不应小于灯具吊挂销的直径，且不得小于 6 mm。

将灯具托(或吊)起，把预埋好的吊钩与灯具的吊杆或吊链连接好，连接好导线并应将绝缘层包扎严密，向上推起灯具上部的法兰，将导线的接头扣于其内，并将上法兰紧贴顶棚或绝缘台表面，拧紧固定螺栓，调整好各个灯位，上好灯泡，最后再配上灯罩并挂好装饰部件。

4.1.2.2 吸顶灯的安装

(1)位置的确定。

1)现浇混凝土楼板,当室内只有一盏灯时,其灯位盒应设在纵、横轴线中心的交叉处;当有两盏灯时,灯位盒应设在长轴线中心与墙内净距离1/4的交叉处。设置几何图形组成的灯位,灯位盒的位置应相互对称。

2)预制空心楼板内配管管路需沿板缝敷设时,要安排好楼板的排列次序,调整好灯位盒处板缝的宽度,使安装对称。室内只有一盏灯时,灯位盒应尽量设在室内中心的板缝内。当灯位无法设在室内中心时,应设在略偏向窗户一侧的板缝内。如果室内设有两盏(排)灯时,两灯位之间的距离应尽量等于灯位盒与墙距离的2倍。室内有梁时,灯位盒距梁侧面的距离应与距墙的距离相同。楼(屋)面板上,设置3个及以上成排灯位盒时,应沿灯位盒中心处拉通线定灯位,成排的灯位盒应在同一条直线上,允许偏差不应大于5 mm。

3)住宅楼厨房灯位盒应设在厨房间的中心处。卫生间吸顶灯灯位盒,应配合给水排水、暖通专业,确定适当的位置;在窄面的中心处,灯位盒及配管距预留孔边缘不应小于200 mm。

(2)大(重)型灯具预埋件设置。

1)在楼(屋)面板上安装大(重)型灯具时,应在楼板层管子敷设的同时,预埋悬挂吊钩。吊钩圆钢的直径不应小于灯具吊挂销钉的直径,且不应小于6 mm,吊钩应弯成T形或Γ形,吊钩应由盒中心穿下。

2)现浇混凝土楼板内预埋吊钩时,应将Γ形吊钩与混凝土中的钢筋相焊接,如无条件焊接时,应与主筋绑扎固定。

3)在预制空心板板缝处预埋吊钩时,应将Γ形吊钩与短钢筋焊接,或者使用T形吊钩。吊扇吊钩在板面上与楼板垂直布置,使用T形吊钩还可以与板缝内钢筋绑扎或焊接。如图4-3所示,将圆钢的上端弯成弯钩,挂在混凝土内的钢筋上。

4)大型花灯吊钩应能承受灯具自重6倍的重力,特别是重要的场所和大厅中的花灯吊钩,应做到安全可靠。一般情况下,吊钩圆钢直径最小不宜小于12 mm,扁钢不宜小于50 mm×5 mm。

5)当壁灯或吸顶灯、灯具本身虽质量不大,但安装面积较大时,有时也需在灯位盒处的砖墙上或混凝土结构上预埋木砖,如图4-4所示。

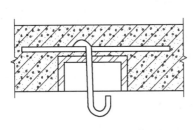

图4-3　现浇楼板灯具吊钩做法

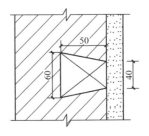

图4-4　预埋木砖

(3)方法与步骤。

1)把吸顶灯安装在砖石结构中时，要采用预埋螺栓，或用膨胀螺栓、尼龙塞或塑料塞固定，不可以使用木楔，因为木楔太不稳固，时间长也容易腐烂，并且上述固定件的承载能力应与吸顶灯的重量相匹配，以确保吸顶灯固定牢固、可靠，并可延长其使用寿命。

2)如果是用膨胀螺栓固定时，钻孔直径和埋设深度要与螺栓规格相符。钻头的尺寸要选择好，否则不稳定。

3)固定灯座螺栓的数量不应少于灯具底座上的固定孔数，且螺栓直径应与孔径相配；底座上无固定安装孔的灯具(安装时自行打孔)，每个灯具用于固定的螺栓或螺钉不应少于2个，且灯具的重心要与螺栓或螺钉的重心相吻合；只有当绝缘台的直径在75 mm及以下时，才可采用1个螺栓或螺钉固定。

4)吸顶灯不可直接安装在可燃的物件上。有的家庭为了美观用油漆后的三夹板衬在吸顶灯的背后，实际上这很危险，必须采取隔热措施；如果灯具表面高温部位靠近可燃物时，也要采取隔热或散热措施。

5)吸顶灯安装前还应检查以下几点：

①引向每个灯具的导线线芯的截面，铜芯软件不小于0.4 mm²，铜芯不小于0.5 mm²，否则引线必须更换。

②导线与灯头的连接、灯头间并联导线的连接要牢固，电气接触应良好，以免由于接触不良出现导线与接线端之间产生火花而发生危险。

6)如果吸顶灯中使用的是螺口灯头，则其接线还要注意以下两点：

①相线应接在中心触点的端子上，零线应接在螺纹的端子上。

②灯头的绝缘外壳不应有破损和漏电，以防更换灯泡时触电。

7)安装有白炽灯泡的吸顶灯具，灯泡不应紧贴灯罩；灯泡的功率也应按产品技术要求选择，不可太大，以避免灯泡温度过高，玻璃罩破裂后向下溅落伤人。

8)与吸顶灯电源进线连接的两个线头，电气接触应良好，还要分别用黑胶布包好，并保持一定的距离。如果有可能尽量不将两线头放在同一块金属片下，以免短路发生危险。

注意事项：安装吸顶灯的各配件一定要是配套的，不能使用别的替代。安装吸顶灯时，要注意安全，要有别人在旁边帮助。

(4)白炽灯的安装。灯座又称灯头，品种繁多，常用的灯座如图4-5所示。可按使用场所进行选择。

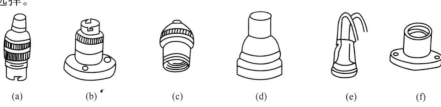

(a)	(b)	(c)	(d)	(e)	(f)

图4-5　常用的灯座

(a)插口吊灯座；(b)插口平灯座；(c)螺口吊灯座；

(d)螺口平灯座；(e)防水螺口吊灯座；(f)防水螺口平灯座

平灯座上有两个接线桩，一个与电源的中性线连接；另一个与来自开关的一根（相线）连接。白炽灯平灯座在灯位盒上安装时，把平灯座与绝缘台先组装在一起，相线（即来自开关控制的电源线）通过绝缘台的穿线孔由平灯座的穿线孔穿出，接到与平灯座中心触点的端子上，零线应接在灯座螺口的端子上，应将固定螺钉或铆钉拧紧，余线盘圆放入盒内，把绝缘台固定在灯位盒的缩口盖上。当灯泡与绝缘台间距小于 5 mm 时，灯泡与绝缘台间应采取隔热措施。

插口平灯座上的两个接线桩，可任意连接上述两个线头，而螺口平灯座上的两个接线桩，为了使用安全，必须将电源中性线线头连接在连接螺纹圈的接线桩上，将来自开关的连接线线头连接在连接中心簧片的接线桩上。如图 4-6 所示为螺口平灯座的安装。

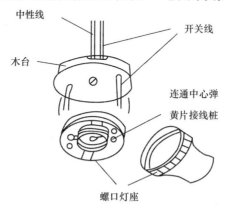

图 4-6 螺口平灯座的安装

(5)荧光灯的安装。圆形（也可称环形）吸顶灯可直接到现场安装。成套环形日光灯吸顶安装是直接拧到平灯座上，可按白炽灯平灯座安装的方法安装。方形、矩形荧光吸顶灯，需按国家标准进行安装。

安装时，在进线孔处套上软塑料管保护导线，将电源线引入灯箱内，灯箱紧贴建筑物表面上固定后，将电源线压入灯箱的端子板（或瓷接头）上，反光板固定在灯箱上，装好荧光灯管，安装灯罩。

4.1.2.3 壁灯的安装

(1)位置的确定。

1)在室外壁灯安装高度不可低于 2.5 m，室内一般不应低于 2.4 m。住宅壁灯灯具安装高度可以适当降低，但不宜低于 2.2 m，旅馆床头灯不宜低于 1.5 m，成排埋设安装壁灯的灯位盒，应在同一条直线上，高低差不应大于 5 mm。

2)壁灯若在柱上安装，则灯位盒应设在柱中心位置上。在柱或窗间墙上设置时，应防止灯位盒被采暖管遮挡。卫生间壁灯灯位盒应躲开给水排水管及高位水箱的位置。

(2)壁灯的安装。

1)壁灯安装在砖墙上时，应用预埋螺栓或膨胀螺栓固定；若壁灯安装在柱上时，应将绝缘台固定在预埋柱内的螺栓上，或打眼用膨胀螺栓固定灯具绝缘台。

1)将灯具导线一线一孔由绝缘台出线孔引出,在灯位盒内与电源线相连接,塞入灯位盒内,把绝缘台对正灯位盒紧贴建筑物表面固定牢固,将灯具底座用木螺钉直接固定在绝缘台上。

3)安装在室外的壁灯应有泄水孔,绝缘台与墙面之间应有防水措施。

(3)应急灯的安装。

1)疏散照明采用荧光灯或白炽灯,安全照明采用卤钨灯或瞬时可靠点燃的荧光灯。安全出口标志灯和疏散标志灯应装有玻璃或非燃材料的保护罩,面板亮度均匀度不低于1∶10(最低∶最高),保护罩应完整、无裂纹。

2)疏散照明宜设在安全出口的顶部、疏散走道及其转角处距地1 m以下的墙面上。当在交叉口处墙面下侧安装,难以明确表示疏散方向时,也可将疏散标志灯安装在顶部。标志灯应有指示疏散方向的箭头标志,灯间距不宜大于20 m(人防工程不宜大于10 m)。在疏散灯周围,不应设置容易混同疏散标志灯的其他标志牌等。当靠近可燃物体时,应采取隔热、散热等防火措施。当采用白炽灯、卤钨灯等光源时,不能直接安装在可燃装修材料或可燃物体上。

3)楼梯间内的疏散标志灯宜安装在休息平台板上方的墙角处或壁装,并应用箭头及阿拉伯数字清楚标明上、下层层号。疏散标志灯的设置原则如图4-7所示。

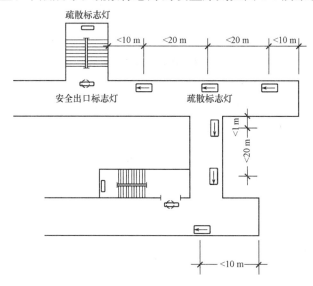

图4-7 疏散标志灯的设置原则

4)安全出口标志灯宜安装在疏散门口的上方,在首层的疏散楼梯应安装于楼梯口的里侧上方,距地高度宜不低于2 m。

5)疏散走道上的安全出口标志灯可明装,而厅室内宜采用暗装。安全出口的标志灯应有图形和文字符号,在有无障碍设计要求时,宜同时设有音响指示信号。可调光型安全出口标志灯宜用于影剧院的观众厅,在正常情况下减光使用,火灾事故时应自动接通至全亮状态。无专人管理的公共场所照明宜装设自动节能开关。

6)应急照明线路在每个防火分区有独立的应急照明回路,穿越不同防火分区的线路应有防火隔堵措施。其线路应采用耐火电线、电缆,明敷设或在非燃烧体内穿刚性导管暗敷,暗敷保护层厚度不小于 30 mm。电线采取额定电压不低于 750V 的铜芯绝缘电线。

4.1.2.4 嵌入式灯具的安装

小型嵌入式灯具安装在吊顶的顶板上或吊顶内龙骨上,大型嵌入式灯具应安装在混凝土梁、板中伸出的支撑铁架、铁件上。大面积的嵌入式灯具,一般是预留洞口,如图 4-8 所示。

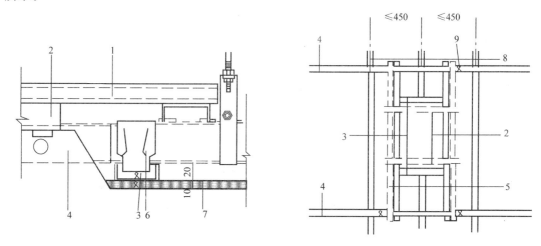

图 4-8 嵌入式灯具安装吊顶开口

1—横向附加卧放大龙骨;2—灯具固定横向附加大龙骨;

3—中龙骨横撑;4—大龙骨;5—纵向附加大龙骨;

6—中龙骨垂直吊挂件;7—吊顶板材;8—中龙骨;9—大龙骨吊挂点

质量超过 3 kg 的大(重)型灯具在楼(屋)面施工时,应把预埋件埋设好,在与灯具上支架相同的位置上另吊龙骨,上面需与预埋件相连接的吊筋连接,下面与灯具上的支架连接。支架固定好后,将灯具的灯箱用机用螺栓固定在支架上连线、组装。

嵌入顶棚内的灯具,灯罩的边框应压住罩面板或遮盖面板的板缝,并应与顶棚面板贴紧。矩形灯具的边框边缘应与顶棚面的装修直线平行,如灯具对称安装时,其纵、横中心轴线应在同一条直线上,偏差不应大于 5 mm。日光灯管组合的开启式灯具,灯管排列应整齐,其金属或塑料的间隔片不应有扭曲等缺陷。

4.1.2.5 装饰灯具的安装

(1)霓虹灯的安装。霓虹灯是一种艺术和装饰用灯。其既可以在夜空显示多种字形,又可以在橱窗里显示各种各样的图案或彩色的画面,广泛用于广告、宣传。霓虹灯由霓虹灯管和高压变压器两大部分组成。

霓虹灯安装的基本要求有以下几点:

1)灯管应完好,无破裂。

2)灯管应采用专用的绝缘支架固定,且必须牢固、可靠。专用支架可采用玻璃管制成,固定后的灯管与建筑物、构筑物表面的最小距离不宜小于 20 mm。

3)霓虹灯专用变压器所供灯管长度不应超过允许负载长度。

4)霓虹灯专用变压器的安装位置宜隐蔽且方便检修,但不宜装在吊顶内,并不易被非检修人员触及。明装时,其高度不宜小于 3 m;当小于 3 m 时,应采取防护措施;在室外安装时,应采取防水措施。

5)霓虹灯专用变压器的二次导线和灯管间的连接线,应采用额定电压不低于 15 kV 的高压尼龙绝缘导线。

6)霓虹灯专用变压器的二次导线与建筑物、构筑物表面的距离不应小于 20 mm。

霓虹灯管的安装:

1)霓虹灯管由直径 10~20 mm 的玻璃管弯制做成。灯管两端各装一个电极,玻璃管内抽成真空后,再充入氖、氩等惰性气体作为发光的介质,在电极的两端加上高压,电极发射电子激发玻璃管内惰性气体,使电流导通,灯管发出红、绿、蓝、黄、白等不同颜色的光束。表 4-2 是霓虹灯色彩与气体、玻璃管颜色的关系表。

表 4-2　霓虹灯色彩与气体、玻璃管颜色的关系表

灯光色彩	气体种类	玻璃管颜色
红	氖	透明
橘黄	氖	黄色
淡蓝	少量汞和氖	透明
绿	少量汞	黄色
黄	氦	黄色
粉红	氩和氖	透明
纯蓝	氩	透明
紫	氖	蓝色
淡紫	氦	透明
鲜蓝	氩	透明
日光、白光	氦、氩或汞	白色

2)霓虹灯管本身容易破碎,管端部还有高电压,因此,应安装在人不易触及的地方,并应特别注意安装牢固、可靠,防止高电压泄漏和气体放电而使灯管破碎,下落伤人。

3)安装霓虹灯灯管时,一般用角铁做成框架,框架要既美观又牢固。在室外安装时还要经得起风吹雨淋。安装灯管时,应用各种琉璃或瓷制、塑料制的绝缘支持件固定。有的支持件可以将灯管直接卡入,有的则可用 φ0.5 的裸细铜丝扎紧,再用螺钉将灯管支持件固定在木板或塑料板上,如图 4-9 所示。

4)安装室内或橱窗里的小型霓虹灯管时,在框架上拉紧已套上透明玻璃管的镀锌钢丝,组成间距为 200~300 mm 的网格,然后将霓虹灯管用 φ0.5 的裸铜丝或弦线等与玻璃管绞紧即可,如图 4-10 所示。

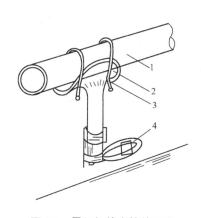

图 4-9　霓虹灯管支持件固定

1—霓虹灯管；2—绝缘支持件；

3—φ0.5 裸铜丝扎紧；4—螺钉固定

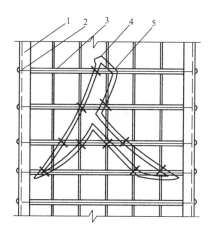

图 4-10　霓虹灯管绑扎固定

1—型钢框架；2—镀锌钢丝；3—玻璃套管；

4—霓虹灯管；5—铜丝绑扎

5)霓虹灯变压器的安装：霓虹灯变压器必须放在金属箱内，两侧开百叶窗孔通风散热。变压器一般紧靠灯管安装，或隐蔽在霓虹灯板后，不可安装在易燃品周围，也不宜安装在吊顶内。室外的变压器明装时高度不宜小于 3 m，否则应采取保护措施和防水措施。霓虹灯变压器离阳台、架空线路等距离不宜小于 1 m。变压器的铁心、金属外壳、输出端的一端以及保护箱等均应进行可靠的接地。当橱窗内装有霓虹灯时，橱窗门与霓虹灯变压器一次侧开关应有联锁装置，确保开门不接通霓虹灯变压器的电源。

6)霓虹灯专用变压器的二次导线和灯管间的接线，应采用额定电压不低于 15 kV 的高压尼龙绝缘线。二次导线与建筑物、构筑物表面的距离不宜小于 20 mm。导线支持点间的距离，在水平敷设时为 0.5 m，垂直敷设时为 0.75 m。二次导线穿越建筑物时，应穿双层玻璃管加强绝缘，玻璃管两端须露出建筑物两侧长度各为 50～80 mm。

7)霓虹灯控制箱内一般装设有电源开关、定时开关和控制接触器。控制箱一般装设在邻近霓虹灯的房间内。在霓虹灯与控制箱之间应加装电源控制开关和熔断器，在检修灯管时，先断开控制箱开关，再断开现场的控制开关，以防止造成误合闸而使霓虹灯管带电的危险。

(2)装饰串灯的安装。

1)装饰串灯用于建筑物入口的门廊顶部。节日串灯可随意挂在装饰物的轮廓或人工花木上。彩色串灯装于螺纹塑料管内，沿装饰物的周边敷设，勾绘出装饰物的主要轮廓。串灯装于软塑料管或玻璃管内。

2)装饰串灯可直接用市电点亮发光体。装饰串灯由若干个小电珠串联而成，每只小电珠的额定电压为 2.5 V。

(3)节日彩灯的安装。

1)建筑物顶部彩灯采取有防雨功能的专用灯具，灯罩要拧紧，彩灯的配线管路按明配管敷设且有防雨功能。

2)彩灯装置有固定式和悬挂式两种。固定安装采用定型的彩灯灯具，灯具的底座有溢水孔，雨水可自然排出。彩灯装置的习惯做法如图 4-11 所示，其灯间距离一般为 600 mm，每个灯泡的功率不宜超过 15W，节日彩灯每一单相回路不宜超过 100 个。

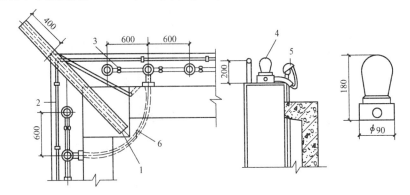

图 4-11　固定式彩灯安装

1—10 号槽钢垂直彩灯挑臂；2—避雷带；3—管卡；
4—彩灯；5—防水弯头；6—BV—500—(2×2.5)SCl5

3)安装彩灯装置时，应使用钢管敷设，连接彩灯灯具的每段管路应用管卡子及塑料膨胀螺栓固定，管路之间(即灯具两旁)应用不小于 φ6 的镀锌圆钢进行跨接连接。

4)在彩灯安装部位，根据灯具位置及间距要求，沿线打孔埋入塑料胀管，将组装好的灯具底座及连接钢管一起放到安装位置，用膨胀螺栓将灯座固定。

5)悬挂式彩灯多用于建筑物的四角，采用防水吊线灯头连同线路一起挂于钢丝绳上。其导线应采用绝缘强度不低于 500 V 的橡胶铜导线，截面面积不应小于 4 mm²。灯头线与干线的连接应牢固，绝缘包扎紧密。导线所载有灯具重量的拉力不应超过该导线的允许力学性能，如图 4-12 所示。灯的间距一般为 700 mm，距离地面 3 m 以下的位置上不允许装设灯头。

4.1.2.6　特殊场所照明灯具的安装

(1)航空障碍标识灯的安装。

1)航空障碍标志灯应装设在建筑物或构筑物的最高部位。当至高点平面面积较大或为建筑群时，除在最高端装设障碍标志灯外，还应在其外侧转角的顶端分别装设，最高端装设的障碍标志灯光源不宜少于 2 个。障碍标志灯的水平、垂直距离不宜大于 45 m。烟囱顶上设置障碍标志灯时，宜将其安装在低于烟囱口 1.5～3 m 的部位并呈三角形水平排列。

2)在距地面 60 m 以上装设标志灯时，应采用恒定光强的红色低光强障碍标志灯；距离地面 90 m 以上装设时，应采用红色光的中光强障碍标志灯，其有效光强应大于 1 600 cd；距离地面 150 m 以上应为白色光的高光强障碍标志灯，其有效光强随背景亮度而定。

3)障碍标志灯电源应按主体建筑中最高负荷等级要求供电，且宜采用自动通断其电源的控制装置。

4)障碍标志灯的启闭一般可使用露天安放的光电自动控制器进行控制，也可以通过建筑物的管理电脑，以时间程序来启闭障碍标志灯。两路电源的切换最好在障碍标志灯控制盘处进行。

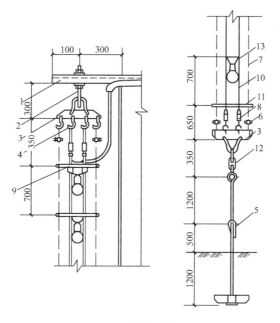

图 4-12 垂直彩灯安装做法

1—角钢；2—拉索；3—拉板；4—拉钩；5—地锚环；
6—钢丝绳扎头；7—钢丝绳；8—绝缘子；9—绑扎线；
10—铜导线；11—硬塑管；12—张紧螺栓；13—接头

(2)舞厅照明的安装。

1)舞厅的舞区内顶棚上设置各种宇宙灯、旋转效果灯、频闪灯等现代舞用灯光，中间部位上通常还设有镜面反射球，有的舞池地板还安装由彩灯组成的图案。舞厅或舞池灯的线路应采用钢芯导线穿钢管、普利卡金属套管配线。

2)旋转彩灯由底座和灯箱组成，电源通过底座插口由电刷到导电环，再通过插头到灯箱内的灯泡。

3)舞池地板内安装彩灯时，先在舞池地板下安装小方格，方格内壁四周镶以玻璃镜面以增大亮度。每一个方格内装设一个或几个彩灯(视需要而定)，地板小方格上面再辅以厚度大于 20 mm 的高强度有机玻璃板作为舞池的地板。

(3)景观照明安装。

1)景观照明通常采用泛光灯，其布置方式可以在建筑物自身或在相邻建筑物上设置灯具，也可以将灯具设置在地面绿化带中。

2)每套灯具的导电部分对地绝缘电阻值应大于 2 MΩ。在人行道等人员来往密集场所安装的落地式灯具，无围栏防护措施时，其安装高度距离地面 2.5 m 以上。金属构架和灯具的可接近裸露导体及金属软管的接地(PE)或接零(PEN)应可靠，且有标识。

3)金属卤化物灯灯具安装高度宜大于 5 m，导线应经接线柱与灯具连接，且不得靠近灯具表面。灯管必须与触发器和限流器配套使用。落地安装的反光照明灯具，应采取保护措施。

4)在离开建筑物处地面安装泛光灯时，为了能得到较均匀的亮度，灯与建筑物的距离 D 与建筑物高度 H 之比不应小于 1/10，即 $\frac{D}{H} \geqslant \frac{1}{10}$。在建筑物本体上安装泛光灯时，投光灯凸出建筑物的长度应在 0.7~1 m 处。整个建筑物或构筑物受照面的上半部的平均亮度宜为下半部的 2~4 倍。

5)对于顶层有旋转餐厅的高层建筑，如果旋转餐厅外墙与主体建筑外墙不在一个面内，应在顶层加辅助立面照明，增设节日彩灯。

6)景观照明灯控制电源箱可安装在所在楼层竖井内的配电小间内，控制启闭宜由控制室或中央电脑统一管理。

4.2　开关、插座和风扇的安装

4.2.1　开关的安装

开关的作用是接通或断开照明灯具电源。根据安装形式分为明装式和暗装式两种。明装式有拉线开关、扳把开关等；暗装式多采用跷板式开关。

4.2.1.1　开关的安装要求

(1)同一场所开关的切断位置应一致，操作应灵活、可靠，接点应接触良好。成排安装的开关高度应一致，高低差不大于 2 mm；拉线开关相邻间距一般不小于 20 mm。

(2)开关安装位置应便于操作，安装高度应符合下列要求：①开关距离地面一般为 2~3 m，距离门框为 0.15~0.2 m；②其他各种开关距离地面一般为 1.3 m，距离门框为 0.15~0.2 m。

(3)电器、灯具的相线应经开关控制，民用住宅禁止装设床头开关。

(4)在多尘、潮湿场所和户外应用防水拉线开关或加装保护箱。厨房、厕所(卫生间)、洗漱室等潮湿场所的开关应装设在房间的外墙处。

(5)跷板开关的盖板应端正、严密，紧贴墙面。

(6)在易燃易爆场所，开关一般应装在其他场所控制，或采用防爆型开关。

(7)明装开关应安装在符合规格的圆木或方木上。

(8)走廊灯的开关，应在距离灯位较近处设置；壁灯或起夜灯的开关，应装设在灯位的正下方，并在同一条垂直线上；室外门灯、雨篷灯的开关应装设在建筑物的内墙上。

4.2.1.2　开关的安装方法

(1)拉线开关的安装。

1)暗装拉线开关应使用相配套的开关盒，把电源的相线和白炽灯座或荧光灯镇流器与开关连接线的接头接到开关的两个接线柱上，再把开关连同面板固定在预埋好的盒体上，但应将面板上的拉线出口垂直朝下。

2)明装拉线开关应先固定好绝缘台，再将开关固定在绝缘台上，也应将拉线开关拉线口垂直向下，不使拉线口发生摩擦。如图 4-13 所示为拉线开关。

双连及以上明装拉线开关并列安装时，应使用长方空心绝缘台，拉线开关相邻间距不应小于 20 mm。

安装在室外或室内潮湿场所的拉线开关，应使用瓷质防水拉线开关。

(2)扳把开关的安装。

1)暗扳把开关安装。暗扳把开关(图 4-14)是一种胶木(或塑料)面板的老式通用暗装开关，一般具有两个静触点，分别连接两个接线桩，开关接线时除把相线接在开关上外，还应把扳把接成向上开灯，向下关灯。然后，把开关芯连同支持架固定到盒上，应将扳把上的白点朝下面安装，开关的扳把必须安正，不得卡在盖板上，用机械螺栓将盖板与支持架固定牢靠，盖板紧贴建筑物表面。

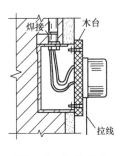

图 4-13　拉线开关

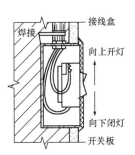

图 4-14　暗扳把开关

双联及以上暗扳把开关接线时，电源相线应接好，并把接头分别接到与动触点相连通的接线桩上，把开关线接在开关的静触点接线桩上。若采用不断线连接时，管内穿线时，盒内应留有足够长度的导线，开关接线后两开关之间的导线长度不应小于 150 mm。

2)明扳把开关安装。明配线路的场所，应安装明扳把开关，明扳把开关需要先把绝缘台固定在墙上，将导线甩至绝缘台以外，在绝缘台上安装开关和接线，也接成扳把向上开灯、向下关灯。

无论是明扳把开关还是暗扳把开关，都不允许横装，即不允许扳把手柄处于左右活动位置。

(3)跷板式开关安装。跷板式开关均为暗装开关，开关与板面连成一体，开关板面尺寸一般为 86 mm×86 mm，面板为用磁白电玉粉压制而成。

1)跷板式开关安装接线时，应使开关切断相线，并根据跷板或面板上的标志确定面板的装置方向。面板上有指示灯的，指示灯应在上面；跷板上有红色标志的应朝下安装；面板上有产品标记或英文字母的不能装反，更应注意带有 ON 字母的开标志，不应颠倒反装而成为NO；跷板上部顶端有压制条纹或红点的应朝上安装；当跷板或板面上无任何标志的，应装成跷板下部按下时，开关应处在合闸的位置。跷板上部按下时，应处在断开的位置，即从侧面看跷板上部突出时灯亮，下部突出时灯熄。如图 4-15 所示为跷板开关通断位置。

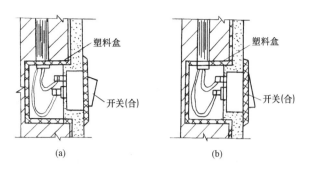

图 4-15　跷板开关通断位置

(a)开关处在断开位置；(b)开关处在合闸位置

2)同一场所中开关的切断位置应一致且操作灵活，触点接触可靠。安装在潮湿场所室内的开关，应使用面板上带有薄膜的防潮防溅开关。在塑料管暗敷设工程中，不应使用带金属安装板的跷板开关。当采用双联及以上开关时，应使开关控制灯具的顺序与灯具的位置相互对应，以方便操作。电源相线不应串联，应做好关联接头。

3)开关接线时，应将盒内导线理顺，依次接线后，将盒内导线盘成圆圈，放置于开关盒内。在安装固定面板时，找平、找正后再与开关盒安装孔固定。用手将面板与墙面顶严，防止拧螺钉时损坏面板安装孔，并把安装孔上所有装饰帽一并装好。

4.2.2　插座的安装

4.2.2.1　插座的安装要求

(1)交、直流或不同电压的插座应分别采用不同的形式，并有明显标志，且其插头与插座均不能互相插入。

(2)插座的安装高度应符合下列要求：

1)一般应在距离室内地坪0.3 m处埋设，特殊场所暗装的高度应不小于0.15 m；潮湿场所其安装高度应不低于1.5 m。

2)托儿所、幼儿园及小学等儿童活动场所安装高度不小于1.8 m。

3)住宅内插座盒距离地坪1.8 m及以上时，可采用普通型插座。若使用安全插座时，安装高度可为0.3 m。

(3)插座接线应符合下列做法：

1)单相电源一般应用单相三极三孔插座，三相电源应用三相四极四孔插座。插座接线孔的排列顺序如图4-16所示。同样用途的三相插座，相序应排列一致。同一场所的三相插座，其接线的相位必须一致。接地(PE)或接零(PEN)线在插座间不串联连接。

2)带开关的插座接线时，电源相线应与开关的接线柱连接，电源工作零线应与插座的接线柱相连接。带指示灯带开关插座接线图如图4-17所示；带熔丝管二孔三孔插座接线图如图4-18所示。

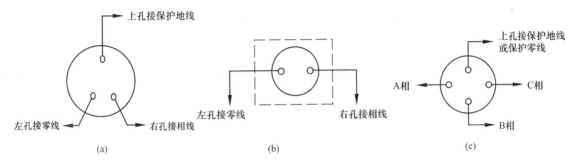

图 4-16 插座接线孔的排列顺序

(a)单相三孔插座;(b)单相两孔插座;(c)三相四孔插座

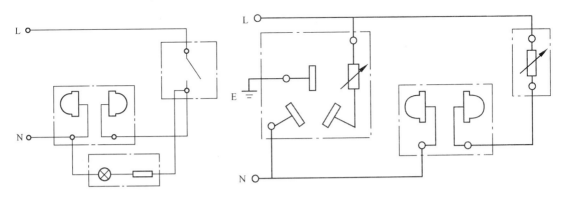

图 4-17 带指示灯带开关插座接线图   图 4-18 带熔丝管二孔三孔插座接线图

(4)特殊情况下插座安装应符合下列规定:

1)当接插有触电危险家用电器的电源时,采用能断开电源的带开关插座,开关断开相线。

2)潮湿场所采用密封型并带保护地线触头的保护型插座,安装高度不低于1.5 m。

3)当不采用安全型插座时,托儿所、幼儿园及小学等儿童活动场所安装高度不小于1.8 m。

4)车间及试验室的插座安装高度距离地面不小于0.3 m;特殊场所暗装的插座高度不小于0.15 m;同一室内插座安装高度一致。

5)地面插座面板与地面齐平或紧贴地面,盖板固定牢固,密封良好。

4.2.2.2 插座的安装方法

插座明装应安装在绝缘台上,接线完毕后把插座盖固定在插座底上。

插座暗装时,应设有专用接线盒,一般是先进行预埋,再用水泥砂浆填充抹平,接线盒口应与墙面粉刷层平齐,待穿线完毕后再安装插座,其盖板或面板应端正,紧贴墙面。暗装插座与面板连成一体,接线柱上接好线后,将面板安装在插座盒上。当暗装插座芯与盖板为活装面板时,应先接好线后,把插座芯安装在安装板上,最后安装插座盖板。

4.2.3 风扇的安装

对电扇及其附件进场验收时,应查验合格证。防爆产品应有防爆标志和防爆合格证号,实行安全认证制度的产品应有安全认证标志。风扇应无损坏，涂层应完整，调速器等附件应适配。

4.2.3.1 吊扇的安装

（1）吊扇安装应符合下列规定：

1）吊扇挂钩安装牢固，吊扇挂钩的直径不小于吊扇挂销直径，且不小于 8 mm；有防振橡胶垫；挂销的防松零件齐全、可靠。

2）吊扇扇叶距离地面高度不小于 2.5 m。

3）吊扇组装不改变扇叶角度，扇叶固定螺栓防松零件齐全。

4）吊杆之间、吊杆与电机之间螺纹连接，啮合长度不小于 20 mm，且防松零件齐全、紧固。

5）吊扇接线正确，运转时扇叶无明显颤动和异常声响。

6）涂层完整，表面无划痕、无污染，吊杆上下扣碗安装牢固。

7）同一室内并列安装的吊扇开关高度一致，且控制有序、不错位。

（2）吊扇的安装注意事项。

1）吊扇组装时，应根据产品说明书进行，且应注意不能改变扇叶角度。扇叶的固定螺钉应安装防松装置。吊扇吊杆之间、吊杆与电动机之间，螺纹连接啮合长度不得小于 20 mm，并必须有防松装置。吊扇吊杆上的悬挂销钉必须装设防振橡皮垫；销钉的防松装置应齐全、可靠。

2）吊钩直径不应小于悬挂销钉的直径，且应采用直径不小于 8 mm 的圆钢制作。吊钩应弯成 T 形或 Γ 形。吊钩应由盒中心穿下，严禁将预埋件下端在盒内预先弯成圆环。现浇混凝土楼板内预埋吊钩，应将 Γ 形吊钩与混凝土中的钢筋相焊接，在无条件焊接时，应与主筋绑扎固定。在预制空心板板缝处，应将 Γ 形吊钩与短钢筋焊接，或者使用 T 形吊钩，吊钩在板面上与楼板垂直布置，使用 T 形吊钩还可以与板缝内钢筋绑扎或焊接。

3）安装吊扇前，将预埋吊钩露出部位弯制成型，曲率半径不宜过小。吊扇吊钩伸出建筑物的长度，应以安上吊扇吊杆保护罩将整个吊钩全部遮住为好，如图 4-19（a）所示。

4）在挂上吊扇时，应使吊扇的重心和吊钩的直线部分处在同一条直线上，如图 4-19（b）所示。将吊扇托起，吊扇的环挂在预埋的吊钩上，扇叶距地面的高度不应低于 2.5 m，按接线图接好电源，并包扎紧密。向上托起吊杆上的护罩，将接头扣于其中，护罩应紧贴建筑物或绝缘台表面，拧紧固定螺钉。

5）吊扇调速开关安装高度应为 1.3 m。同一室内并列安装的吊扇开关高度应一致，且控制有序、不错位。吊扇运转时，扇叶不应有明显的颤动和异常声响。

4.2.3.2 壁扇的安装

（1）壁扇安装应符合下列规定：

1）壁扇底座采用尼龙塞或膨胀螺栓固定；尼龙塞或膨胀螺栓的数量不少于 2 个，且直径不小于 8 mm，固定牢固、可靠。

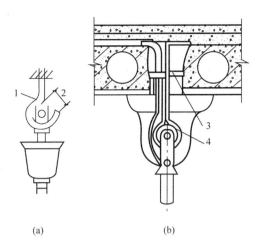

图4-19 吊扇吊钩的安装

(a)吊钩；(b)吊扇吊钩做法

1—吊扇曲率半径；2—吊扇橡皮轮直径；

3—水泥砂浆；4—φ8圆钢

2)壁扇防护罩扣紧，固定可靠，当运转时扇叶和防护罩无明显颤动和异常声响。

3)壁扇下侧边缘距离地面高度不小于1.8 m。

4)涂层完整，表面无划痕、无污染，防护罩无变形。

(2)壁扇的安装注意事项。

1)壁扇底座在墙上采用尼龙塞或膨胀螺栓固定，数量不应少于2个，且直径不应小于8 mm。

2)壁扇底座应固定牢固。在安装的墙壁上找好挂板安装孔和底板钥匙孔的位置，安装好尼龙塞。先拧好底板钥匙孔上的螺钉，把风扇底板的钥匙孔套在墙壁螺钉上，然后用木螺钉把挂板固定在墙壁的尼龙塞上。壁扇的下侧边线距离地面高度不宜小于1.8 m，且底座平面的垂直偏差不宜大于2 mm。

3)壁扇宜使用带开关的插座。

4)壁扇在运转时，扇叶和防护罩均不应有明显的颤动和异常声响。

4.2.3.3 换气扇的安装

换气扇是一种使室内外空气交换的一类空气调节电器，又可以称为排风扇、通风扇。通过换气扇可以祛除室内的污浊空气、异味等，可以很好地调节湿度和感觉效果。所以，换气扇被广泛应用于卫生间、暗格房等空间。

(1)换气扇安装应符合下列规定：

1)安装平稳。换气扇安装时应注意风机的水平方位，调整风机与地基平面水平一致，换气扇安装后不能有歪斜表象。

2)安装换气扇时，应使电机的调理螺栓处于便利操作的方位，以便使用时调整换气扇皮带松紧。

3)安装换气扇支架时，一定要让支架与地基平面水平一致，必要时在换气扇旁装置角铁进行再加固。

4)风机安装完后，要对其周围密封性进行查看。如有空地，可用阳光板或玻璃胶进行密封。

(2)换气扇的安装注意事项。

1)吸顶式换气扇。吸顶式换气扇的外形美观，一般安装在居室的吊顶上，其由风扇、电机和管道三部分组成。吸顶式换气扇的管道一般较短，用户在安装使用时还需要另外购置一根与该管道配套的通风管，通风管的长度可根据换气扇到居室出风口的长度而定。吸顶式换气扇是单向运转，将室内的空气抽出，再通过管道和与管道相接的通风管将空气排出室外。

吸顶式换气扇虽然美观，但由于在运转时管道的长度削弱了抽取室内空气的力度，再加上它只能将室内空气抽出，而无法把室外的新鲜空气补充进来，因此，在厨房等油烟较多、空气质量不好的地方，不适合使用吸顶式换气扇。而在客厅等处，窗户一般较为宽大，室内外空气的流通相对容易一些，比较适合使用吸顶式换气扇。

2)窗式换气扇。窗式换气扇安装方便，可直接镶嵌在窗户。其有单向和双向换气两种，双向换气扇是指风扇可以朝顺时针方向运行，将室外新鲜空气补充进来，也可以朝逆时针方向运转，将室内空气抽出到室外。其底部装有集油盒，非常适合在厨房等油烟较多的地方使用。其与吸顶式和壁挂式换气扇相比，换气力度是最大的。另外，窗式换气扇的价格也相对比较便宜。

3)壁挂式换气扇。壁挂式换气扇体积一般较小，可镶嵌在窗户上。其有一个呈圆柱形的抽风口，由于抽风口的横截面较小，因此，其换气力度相对较弱。其适合于卫生间、封闭阳台等面积较小的房间。

4.3　照明配电箱(板)的安装

4.3.1　照明配电箱的安装

照明配电箱有标准型和非标准型两种。标准配电箱可向生产厂家直接订购或在市场上直接购买；非标准配电箱可自行制作。照明配电箱的安装方式有明装、嵌入式暗装和落地式安装。

4.3.1.1　照明配电箱的安装要求

(1)在配电箱内，有交、直流或不同电压时，应有明显的标志或分设在单独的板面上。

(2)导线引出板面，均应套设绝缘管。

(3)配电箱安装垂直偏差不应大于 3 mm。暗设时，其面板四周边缘应紧贴墙面，箱体与建筑物接触的部分应刷防腐漆。

（4）照明配电箱安装高度，底边距离地面一般为 1.5 m；配电板安装高度，底边距离地面不应小于 1.8 m。

（5）三相四线制供电的照明工程，其各相负荷应均匀分配。

（6）配电箱内装设的螺旋式熔断器（R，L1）的电源线应接在中间触点的端子上，负荷线接在螺纹的端子上。

（7）配电箱上应标明用电回路名称。

4.3.1.2　悬挂式配电箱的安装

悬挂式配电箱可安装在墙上或柱子上。直接安装在墙上时，应先埋设固定螺栓，固定螺栓的规格和间距应根据配电箱的型号与质量以及安装尺寸决定。螺栓长度应为埋设深度（一般为 120～150 mm）加箱壁厚度以及螺帽和垫圈的厚度，再加上 3～5 扣螺纹的余量长度。悬挂式配电箱的安装如图 4-20 所示。

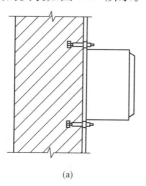
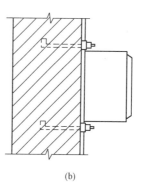

(a)　　　　　　　　　　　　(b)

图 4-20　悬挂式配电箱的安装

(a)墙上膨胀螺栓安装；(b)墙上螺栓安装

施工时，先量好配电箱安装孔的尺寸，在墙上画好孔位，然后打孔，埋设螺栓（或用金属膨胀螺栓）。待填充的混凝土牢固后，即可安装配电箱。安装配电箱时，要用水平尺放在箱顶上，测量箱体是否水平。如果不平，可调整配电箱的位置以达到要求。同时，在箱体的侧面用磁力吊线坠测量配电箱上、下端与吊线的距离；如果相等，说明配电箱装得垂直，否则应查明原因，并进行调整。

配电箱安装在支架上时，应先将支架加工好，然后将支架埋设固定在墙上，或用抱箍固定在柱子上，再用螺栓将配电箱安装在支架上，并进行水平和垂直调整。图 4-21 所示为配电箱在支架上固定示意图。

配电箱安装高度按施工图纸要求。若无要求时，一般底边距离地面为 5 m，安装垂直偏差应不大于 3 mm。配电箱上应注明用电回路名称，并按设计图纸给予标明。

4.3.1.3　嵌入式暗装配电箱的安装

嵌入式暗装配电箱的安装，通常是按设计指定的位置，在土建砌墙时，先把配电箱底预埋在墙内。预埋前，应将箱体与墙体接触部分刷防腐漆，按需要砸下敲落孔压片，有贴

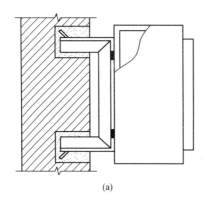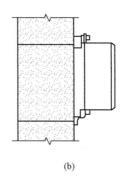

(a)　　　　　　　　　　　　　　　　(b)

图 4-21　配电箱在支架上固定示意图

(a)用支架固定；(b)用抱箍固定铁架固定配电箱

脸的配电箱，把贴脸卸掉。一般当主体工程砌至安装高度时，就可以预埋配电箱，配电箱应加钢筋过梁，避免安装后变形，配电箱底应保持水平和垂直，应根据箱体的结构形式和墙面装饰厚度来确定突出墙体的尺寸。预埋时，应做好线管与箱体的连接固定。箱内配电盘安装前，应先清除杂物，补齐护帽，零线要经零线端子连接。

配电盘安装后，应接好接地线。照明配电箱安装高度按施工图样要求，配电箱的安装高度，一般底边距离地面不应小于 1.8 mm。安装的垂直误差不大于 3 mm。当墙壁的厚度不能满足嵌入式要求时，可采用半嵌入式安装，使配电箱的箱体一半在墙面外，另一半嵌入墙内。其安装方法与嵌入式相同。

4.3.1.4 配电箱的落地式安装

配电箱落地安装时，在安装前先要预制一个高出地面一定高度的混凝土空心台，如图 4-22 所示。这样，可使进、出线方便，不易进水，保证运行安全。进入配电箱的钢管应排列整齐，管口高出基础面 50 mm 以上。

4.3.2 照明配电板的安装

照明配电板装置是用户室内照明及电器用电的配电点，输入端接在供电部门送到用户的进户线上。其将计量、保护和控制电器安装在一起，便于管理和维护，有利于安全用电。

4.3.2.1 照明配电板的安装要求

(1)元器件安装工艺要求。

1)在配电板上要按预先的设计进行安装，元器件安装位置必须正确，倾斜度一般不超过 1.5 mm，最多不超过 5 mm，同类元器件安装方向必须保持一致。

2)元器件安装牢固，稍用力摇晃无松动感。

3)文明安装，小心谨慎，不得损伤、损坏器材。

(2)线路敷设工艺要求。

1)照图施工，配线完整、正确，不多配、少配或错配。

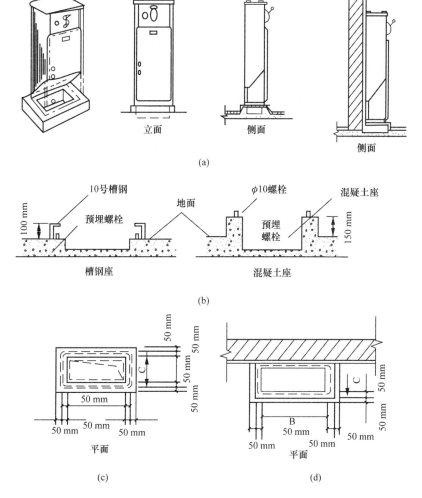

图 4-22 配电箱的落地式安装

2)在既有主回路又有辅助回路的配电板上敷线,两种电路必须选用不同颜色的线以示区别。

3)配线长短适度,线头在接线桩上压接不得压住绝缘层,压接后裸线部分不得大于1 mm。

4)凡与有垫圈的接线桩连接,线头必须做成"羊眼圈",并且"羊眼圈"略小于垫圈。

5)线头压接牢固,稍用力拉扯不应有松动感。

6)对螺旋式熔断器接线时,中心接片接电源,螺口接片接负载。

7)走线横平竖直,分布均匀。转角圆呈90°,弯曲部分自然圆滑,全电路弧度保持一致;转角控制在90°±2°以内。

8)长线沉底,走线成束。同一平面内部允许有交叉线。必须交叉时应在交叉点架空跨越,两线间距不小于2 mm。

9)布线顺序一般以电能表或接触器为中心,由里向外,由低向高,先装辅助回路后装主回路，即以不妨碍后续布线为原则。

10)配电板应安装在不易受振动的建筑物上，板的下缘距离地面1.5～1.7 m。安装时，除注意预埋紧固件外，还应保持电能表与地面垂直，否则将影响电能表计数的准确性。

4.3.2.2　照明配电板的安装方法

照明配电板的安装过程为选材、定位、闸具组装、板面接线和配电板固定。

(1)选材。配电板的材料可选择木制板和塑料板。

1)木制板：其规格取400 mm×250 mm×30 mm为宜，不应有劈裂、霉蚀、变形等现象，油漆均匀，其板厚不应小于20 mm，并应用条木做框架。

2)塑料板：其规格取300 mm×250 mm×30 mm为宜，并具有一定强度，断、合闸时不颤动，板厚一般不应小于8 mm(有肋成型的合格产品除外)，不得刷油漆，并有产品合格证。

(2)定位。配电板位置应选择在干燥、无尘埃的场所，且应避开暖卫管、窗门及箱柜门。在无设计要求时，配电板底边距离地面高度不应小于1.8 m。

(3)闸具组装。板面上闸具的布置应便于观察仪表和便于操作，通常是仪表在上，开关在下，总电源开关在上，负荷开关在下。板面排列布置时，必须注意各电器之间的尺寸。将闸具在表板上首先作实物排列，量好间距，画出水平线，均分线孔位置，然后画出固定闸具和表板的孔径。撤去闸具进行钻孔，钻孔时，先用尖錾子准确点冲凹窝，无偏斜后，再用电钻进行钻孔。为了便于螺钉帽与面板表面平齐，再用一个钻头直径与螺钉帽直径相同钻头进行第二次扩孔，深度以螺钉帽埋入面板表面平齐为准。闸具必须用镀锌木螺钉拧装牢固。

(4)板面接线。配电板接线有两种方法。第一种方法是打孔接线法，打好孔，固定好闸具后，将板后的配线穿出表板的出线孔，并套上绝缘嘴，然后剥去导线的绝缘层，并与闸具的接线柱压牢；第二种方法是板前接线法，这种方法无须打孔，导线直接在板前明敷，要求导线横平竖直，且不得交叉。明敷应采用硬制铜芯线。

(5)配电板固定。根据配电板的固定孔位，在墙面上选定的位置上留下孔位记号，用电钻打出四孔，塞入直径不小于8 mm的塑料胀管或金属膨胀螺栓。钻孔时应注意，孔不要钻在砖缝中间，如在砖缝中间应做处理。固定配电板前，应先将电源线及支路线正确地穿出表板的出线孔，并套好绝缘嘴，导线预留适当余量，然后再固定配电板。图4-23所示为单相照明配电板。

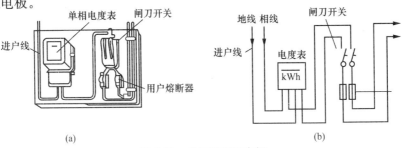

图4-23　单相照明配电板

(a)布置图；(b)接线图

电气照明是建筑电气技术的基本内容，是保证建筑物发挥基本功能的必要条件，合理的照明对提高工作效率、保证安全生产和保护视力都具有重要的意义。照明在建筑物中的作用可归结为功能作用和装饰作用。

照明装置的安装主要是各种灯具、开关、插座以及风扇的安装，应掌握安装步骤和工艺要求。同样，照明配电箱(板)安装时，也要按步骤进行，对每一步要按工艺要求进行检查并调整，最后进行调试验收。

简 答 题

(1)简述灯具安装的基本要求。

(2)吊灯安装有哪些工艺方法？

(3)吸顶灯安装有哪些工艺方法？

(4)简述吊链荧光灯安装的过程。

(5)电灯开关为什么必须接在相线上？接到中性线上有什么坏处？

(6)开关、插座的安装位置是如何确定的？安装步骤有哪些？

(7)普通灯具的质量分别为 0.2 kg、1 kg 和 3 kg，可采用何种吊装方式？

(8)安装插座时，插孔是如何排列的？

(9)吊扇安装的基本要求是什么？

(10)简述照明配电箱(板)的安装过程。

项目 5　变配电设备安装

1. 了解变压器规格、型号及结构。
2. 掌握变压器、配电柜的安装步骤和工艺要求。
3. 掌握电气设备调试步骤和要求。

能力目标

1. 根据施工流程及工艺要求，进行变压器的安装与调试。
2. 根据施工图纸及技术要求，进行配电柜的安装。

5.1　变压器的安装

变压器是用来改变交流电压大小的一种重要的电气设备，其在电力系统和供电系统中占有很重要的地位。电力变压器有多种类型，各有各的安装要求。目前，10 kV 配电用得比较多的还是油浸式变压器，但进入高层、大型民用建筑内配电变压器要求采用干式变压器，而一些规划小区或设置专用变配电所不便的，则选用箱式变电站。变配电工程施工程序如图 5-1 所示。

5.1.1　安装前的准备及要求

5.1.1.1　技术准备及要求

（1）图纸会审。严格按照国家电网公司《电力建设工程施工技术管理导则》（以下简称《导则》）的要求做好图纸会审工作。

（2）技术交底。应按照导则规定每个分项工程必须分级进行施工技术交底。技术交底内容要充实，具有针对性和指导性，全体参加施工的人员都要参加交底并签名，形成书面交底记录。

（3）定位放线。根据变电所设置的建筑测量定位方格网基准点或施工完毕的设备基础，采用经纬仪、拉线、尺量，定出基准线。

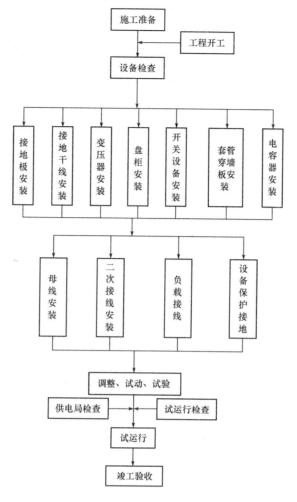

图 5-1 变配电工程施工程序

5.1.1.2 设备、材料准备及要求

(1)变压器应装有铭牌。铭牌上应注明制造厂名、额定容量，一、二次额定电压，电流，阻抗电压及接线组别等技术数据。

(2)变压器的容量、规格及型号必须符合设计要求。附件、备件齐全，并有出厂合格证及技术文件。

(3)干式变压器的局放试验 PC 值和噪声测试器 dB(A)值应符合设计及标准要求。

(4)带有防护罩的干式变压器，防护罩与变压器的距离应符合标准的规定，不小于表 5-1 的尺寸。

(5)型钢。各种规格型钢应符合设计要求，并无明显锈蚀。

(6)螺栓。除地脚螺栓及防振装置螺栓外，均应采用镀锌螺栓，并配相应的平垫圈和弹簧垫。

(7)其他材料。蛇皮管、耐油塑料管、电焊条、防锈漆、调和漆及变压器油、均应符合设计要求，并有产品合格证。

表 5-1　干式变压器防护类型、容量、规格及质量图表

外型示意	规格外形尺寸/mm	干式变压器容器(kV·A)									
		200	250	315	400	500	630	800	1 000	1 250	1 600
网型	长 L	1 450	1 650					1 970			2 300
	宽 B	1 120		1 180				1 300			1 430
	高 H	1 550	1 800					2 020			2 400
	参考质量/kg	1 080	1 275	1 390	1 740	1 795	2 090	2 640	3 075	3 580	4 890
箱型	长 L	1 400	1 470	1 600		1 820	2 200	2 280	2 280	2 120	2 181
	宽 B	960	820	1 100		1 100	1 240	1 341	1 240	1 400	1 420
	高 H	1 460	1 550	1 740		1 980	1 950	2 110	2 424	2 300	2 860
	参考质量/kg	1 080	1 275	1 600		2 850	3 400	3 170	4 140	4 842	5 794
箱型(有机械通风)	长 L							2 460	2 550	2 600	2 710
	宽 B							1 930	1 970	1 992	1 980
	高 H							2 565	2 570	2 820	2 870
	参考质量/kg							3 680	4 270	4 940	5 905

5.1.1.3　安装前的作业条件

(1)施工图及技术资料齐全无误。

(2)土建工程基本施工完毕，标高、尺寸、结构及预埋件焊件强度均符合设计要求。

(3)变压器轨道安装完毕，并符合设计要求(注：此项工作应由土建、安装单位配合)。

(4)墙面、屋顶喷浆完毕，屋顶无漏水，门窗及玻璃安装完好。

(5)室内地面工程结束，场地清理干净，道路畅通。

(6)安装干式变压器室内应无灰尘，相对湿度宜保持在 70% 以下。

5.1.2　变压器安装前的检查

5.1.2.1　外观检查

(1)核对变压器铭牌上的型号、规格等有关数据，是否与设计图纸要求相符。

(2)变压器外部不应有机械损伤，箱盖螺栓应完整无缺，变压器密封良好，无渗油、漏油现象。

(3)油箱表面不得有锈蚀，各附件油漆完好。

(4)套管表面无破损，无渗油、漏油现象。

(5)变压器轮距是否与设计轨距相符。

(6)变压器油面是否在相应气温的刻度上。

5.1.2.2 绝缘检查

(1)用 2 500 V 兆欧表测量变压器高压对低压、对地的绝缘电阻值,阻值在 450 MΩ 以上。

(2)绝缘油耐压数值在 25 kV 以上。

5.1.3 变压器的安装

变压器的结构如图 5-2 所示。其安装工艺流程如图 5-3 所示。

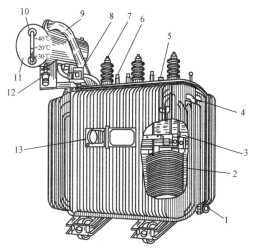

图 5-2 油浸式变压器的结构图

1—放油阀门;2—绕组及绝缘;3—铁芯;

4—油箱;5—分接开关;6—低压套管;

7—高压套管;8—气体继电器;9—安全气道;

10—油位计;11—储油柜;12—吸湿器;13—信号式温度计

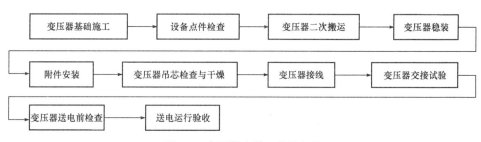

图 5-3 变压器安装工艺流程图

5.1.3.1 变压器基础施工

在变压器运到安装地点前,应完成变压器安装基础墩的施工。变压器基础墩一般采用砖块砌筑而成,基础墩的强度和尺寸应根据变压器的质量和有关尺寸而定。有防护罩的变压器还应配备金属支座,变压器、防护罩均可通过金属支座可靠接地。接地线通常采用 40 mm× 40 mm×4 mm 的镀锌扁钢与就近接地网用电焊焊接。

5.1.3.2 设备点件检查

设备点件检查应由安装单位、供货单位会同建设单位代表共同进行，并做好记录。按照设备清单、施工图纸及设备技术文件核对变压器本体和附件备件的规格型号是否符合设计图纸要求，是否齐全，有无丢失及损坏。变压器本体外观检查无损伤及变形，油漆完好、无损伤。油箱封闭是否良好，有无漏油、渗油现象，油标处油面是否正常，发现问题应立即处理。绝缘瓷件和环氧树脂铸件有无损伤、缺陷及裂纹。

5.1.3.3 变压器二次搬运

变压器二次搬运应由起重工作业，电工配合。最好采用汽车吊吊装，也可采用吊链吊装，距离较长最好用汽车运输，运输时必须用钢丝绳固定牢固，并应行车平稳，尽量减少振动；距离较短且道路良好时，可用卷扬机、滚杠运输。变压器质量及吊装点高度可参照表 5-2 和表 5-3。

表 5-2　树脂浇铸干式变压器质量

序号	容量/(kV·A)	质量/t	序号	容量/(kV·A)	质量/t
1	100~200	0.71~0.92	4	1 250~1 600	3.39~4.22
2	250~500	1.16~1.90	5	2 000~2 500	5.14~6.30
3	630~1 000	2.08~2.73			

表 5-3　油浸式电力变压器质量

序号	容量/(kV·A)	总量/t	吊点高/m
1	100~180	0.6~1.0	3.0~3.2
2	200~420	1.0~1.8	3.2~3.5
3	500~630	2.0~2.8	3.8~4.0
4	750~800	3.0~3.8	5.0
5	1 000~1 250	3.5~4.6	5.2
6	1 600~1 800	5.2~6.1	5.2~5.8

变压器吊装时，索具必须检查合格，钢丝绳必须挂在油箱的吊钩上，上盘的吊环仅作吊芯用，不得用此吊环吊装整台变压器，如图 5-4 所示。

变压器搬运时，应注意保护瓷瓶，最好用木箱或纸箱将高低压瓷瓶罩住，使其不受损伤。变压器搬运过程中，不应有冲击或严重振动情况，利用机械牵引时，牵引的着力点应在变压器重心以下，以防倾斜，运输斜角不得超过 15°，防止内部结构变形。用千斤顶顶升大型变压器时，应将千斤顶放置在油箱专门部位。大型变压器在搬运或装卸前，应核对高低压侧方向，以免安装时调换方向发生困难。

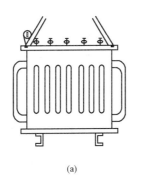 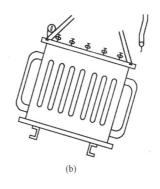

(a) (b)

图 5-4　变压器吊装示意图

(a)正确；(b)不正确

5.1.3.4　变压器稳装

变压器就位可用汽车吊直接甩进变压器室内，或用道木搭设临时轨道，用三步搭、吊链吊至临时轨道上，然后用吊链拉入室内合适位置。变压器就位时，应注意其方位和距墙尺寸应与图纸相符，允许误差为±25 mm。图纸无标注时，纵向按轨道定位，横向距离不得小于 800 mm，距门不得小于 1 000 mm，并适当照顾屋内吊环的垂线位于变压器中心，以便于吊芯，干式变压器安装图纸无注明时，安装、维修最小环境距离应符合图 5-5 的要求。

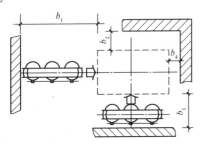

图 5-5　安装、维修最小环境距离

部位	周围条件	最小距离/mm
b_1	有导轨	2 600
	无导轨	2 000
b_2	有导轨	2 200
	无导轨	1 200
b_3	距墙	1 100
b_4	距墙	600

变压器基础的轨道应水平，轨距与轮距应配合，装有气体继电器的变压器，应使其顶盖沿气体继电器气流方向有 1%～1.5% 的升高坡度（制造厂规定不需安装坡度者除外）。变压器宽面推进时，低压侧应向外；窄面推进时，油枕侧一般应向外。在装有开关的情况下，操作方向应留有 1 200 mm 以上的宽度。油浸变压器的安装，应考虑能在带电的情况下，便于检查油枕和套管中的油位、上层油温、瓦斯继电器等。装有滚轮的变压器，滚轮应能转动灵活，在变压器就位后，应将滚轮用能拆卸的制动装置加以固定。变压器的安装应采取抗地震措施，稳装在混凝土地坪上的变压器安装如图 5-6 所示，有混凝土轨梁宽面推进的变压器安装如图 5-7 所示。

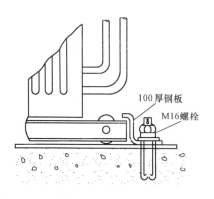

图 5-6　稳装在混凝土地坪上的变压器安装

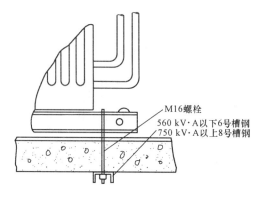

图 5-7　有混凝土轨梁宽面推进的变压器安装

5.1.3.5　附件安装

(1)气体继电器安装。气体继电器安装前应经检验鉴定。气体继电器应水平安装，观察窗应装在便于检查的一侧，箭头方向应指向油枕，与连通管的连接应密封良好。截油阀应位于油枕和气体继电器之间。打开放气嘴，放出空气，直到有油溢出时将放气嘴关上，以免有空气使继电保护器误动作。当操作电源为直流时，必须将电源正极接到水银侧的接点上，以免接点断开时产生飞弧。事故喷油管的安装方位，应注意到事故排油时不致危及其他电器设备；喷油管口应换为割划有"十"字线的玻璃，以便发生故障时气流能顺利冲破玻璃。

(2)防潮呼吸器的安装。防潮呼吸器安装前，应检查硅胶是否失效，如已失效，应在115 ℃～120 ℃温度烘烤 8 h，使其复原或更新。浅蓝色硅胶变为浅红色，即已失效；白色硅胶，不加鉴定一律烘烤。防潮呼吸器安装时，必须将呼吸器盖子上橡皮垫去掉，使其通畅，并在下方隔离器具中安装适量变压器油，起滤尘作用。

(3)温度计的安装。套管温度计安装，应直接安装在变压器上盖的预留孔内，并在孔内加以适当变压器油。刻度方向应便于检查。

电接点温度计安装前应进行校验，油浸变压器一次元件应安装在变压器顶盖上的温度计套筒内，并加适当变压器油；二次仪表挂在变压器一侧的预留板上。干式变压器一次元件应按厂家说明书位置安装，二次仪表安装在便于观测的变压器护网栏上。软管不得有压扁或死弯弯曲半径不得小于 50 mm，富余部分应盘圈并固定在温度计附近。

干式变压器的电阻温度计，一次元件应预埋在变压器内，二次仪表应安装在值班室或操作台上，导线应符合仪表要求，并加以适当的附加电阻校验调试后方可使用。

(4)电压切换装置的安装。变压器电压切换装置各分接点与线圈的连线应紧固、正确，且接触紧密、良好。转动点应正确停留在各个位置上，并与指示位置一致。电压切换装置的拉杆、分接头的凸轮、小轴销子等应完整无损；转动盘应动作灵活，密封良好。电压切换装置的传动机构(包括有载调压装置)的固定应牢靠，传动机构的摩擦部分应有足够的润滑油。

有载调压切换装置的调换开关的触头及铜辫子软线应完整无损，触头之间应有足够的压力(一般为 8～10 kg)。有载调压切换装置转动到极限位置时，应装有机械联锁与带有限位开关的电气联锁。有载调压切换装置的控制箱一般应安装在值班室或操作台上，联线应正确无误，并应调整好，手动、自动工作正常，挡位指示正确。

电压切换装置吊出检查调整时，暴露在空气中的时间应符合表 5-4 的规定。

表 5-4 调压切换装置露空时间

环境温度/℃	>0	>0	>0	<0
空气相对湿度/%	65 以下	65~75	75~85	不控制
持续时间不大于/h	24	16	10	8

5.1.3.6 变压器吊芯检查与干燥

变压器经过长途运输和装卸，内部铁芯常因振动和冲击使螺栓松动或掉落，穿心螺栓也因绝缘能力降低，因此，安装变压器时一般应进行器身检查。器身检查可为吊罩(或吊器身)和不吊罩直接进入油箱内进行两种。但当满足下列条件之一时，可不必进行器身检查。

(1)制造厂规定可不作器身检查者。

(2)容量为 1 000 kV·A 及以下，运输过程中无异常情况者。

(3)就地产品仅作短途运输的变压器，如果事先参加了制造厂的器身总装，质量符合要求，且在运输过程中进行了有效的监督，无紧急制动、剧烈振动、冲击或严重颠簸等异常情况者。

器身检查应遵守的条件有以下几项：

(1)检查铁芯一般在干燥、清洁的室内进行，如条件不允许而需要在室外检查时，最好在晴天无风沙时进行；否则应搭设篷布，以防临时雨、雪或灰尘落入。但雨、雪天或雾天不宜在室外进行吊芯(吊器身)检查。

(2)冬天检查铁芯时，周围空气温度不低于 0 ℃。变压器铁芯温度不应低于周围空气温度。如铁芯温度低于周围空气温度时，可用电炉在变压器底部加热，使铁芯温度高于周围空气温度 10 ℃，以免检查铁芯时线圈受潮。

(3)铁芯在空气中停放的时间，干燥天气(相对湿度不大于 65%)不应超过 16 h，潮湿天气(相对湿度不大于 75%)不应超过 12 h。计算时间应从开始放油时算起，到注油时为止。

(4)雨天或雾天不宜吊芯检查，如特殊情况时应在室内进行，而室内的温度应比室外温度高 10 ℃，室内的相对湿度也不应超过 75%，变压器运到室内后应停放 24 h 以上。

油浸式变压器的油是起绝缘和冷却作用的，对带有调压装置的变压器，油还起到灭弧作用。器身检查完毕后，必须用合格的变压器油对器身进行冲洗，并清洗油箱底部，不得有遗留杂物。注入变压器中的绝缘油必须是按规定试验合格的油，不同牌号的绝缘油或同牌号的新油与旧油不宜混合使用，否则应做混油试验。

根据各项检查和试验，经过鉴定判明变压器绝缘受潮时，则应进行干燥。干燥的方法通常采用铁损干燥法和零序电流干燥法。在保持温度不变的情况下，线圈的绝缘电阻下降后再上升，并连续 6 h 保持稳定时，则可认为干燥完毕。此时可切断电源，停止干燥。干燥完毕后，应立即将变压器注油，以防受潮。同时，为了避免热的变压器突然冷却而产生机械应力，注油时，油温一般应为 50 ℃～60 ℃，注油前应将变压器内的温度计全部撤除。注油量应将铁芯淹没而距离顶面为 100～200 mm。注油后，当温度降到制造厂试验温度时，测定绝缘电阻与绝缘吸收比为"R60/R15"，并与制造厂测定值作比较，供以后参考。

5.1.3.7 变压器接线

变压器的一、二次联线、地线、控制管线均应符合相应各章的规定。变压器一、二次引线的施工，不应使变压器的套管直接承受应力，如图 5-8 所示。

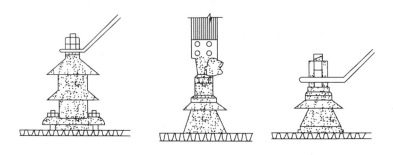

图 5-8　母线与变压器高压端子连接图

变压器工作零线与中性点接地线，应分别敷设。工作零线宜用绝缘导线。变压器中性点的接地回路中，靠近变压器处，宜做一个可拆卸的连接点。油浸变压器附件的控制导线，应采用具有耐油性能的绝缘导线。靠近箱壁的导线，应用金属软管保护并排列整齐，接线盒应密封良好。

5.1.3.8 变压器交接试验

变压器的交接试验应由当地供电部门许可的试验室进行，试验标准应符合《电气装置安装工程　电气设备交接试验标准》(GB 50150)、当地供电部门规定及产品技术资料的要求。变压器交接试验的内容包括以下几项：

(1)测量绕组连同套管的直流电阻。

(2)检查所有分接头的变压比。

(3)检查变压器的三相结线组别和单相变压器引出线的极性。

(4)测量绕组连同套管的绝缘电阻、吸收比或极化指数。

(5)测量绕组连同套管的介质损耗角正切值 $\tan\delta$。

(6)测量绕组连同套管的直流泄漏电流。

(7)绕组连同套管的交流耐压试验。

(8)绕组连同套管的局部放电试验。

(9)测量与铁芯绝缘的各紧固件及铁芯接地线引出套管对外壳的绝缘电阻。

(10)绝缘油试验。

(11)有载调压切换装置的检查和试验。

(12)额定电压下的冲击合闸试验。

(13)检查相位。

(14)测量噪声。

5.1.3.9 变压器送电前检查

变压器试运行前应做全面检查，确认符合试运行条件时方可投入运行。变压器试运行前，必须由质量监督部门检查合格。变压器试运行前的检查内容包括以下几项：

(1)各种交接试验单据齐全，数据符合要求。

(2)变压器应清理、擦拭干净，顶盖上无遗留杂物，本体及附件无缺损且不渗油。

(3)变压器一、二次引线相位正确，绝缘良好。

(4)接地线良好。

(5)通风设施安装完毕，工作正常，事故排油设施完好，消防设施齐备。

(6)油浸变压器油系统油门应打开，油门指示正确，油位正常。

(7)油浸变压器的电压切换装置放置正常电压挡位。

(8)保护装置整定值符合规定要求，操作及联动试验正常。

(9)干式变压器护栏安装完毕。各种标志牌挂好，门装锁。

5.1.3.10 送电运行验收

(1)送电试运行。

1)变压器第一次投入时，可全压冲击合闸，冲击合闸时一般可由高压侧投入。

2)变压器第一次受电后，持续时间不应少于 10 min，并无异常情况。

3)变压器应进行 3~5 次全压冲击合闸，情况正常，励磁涌流不应引起保护装置误动作。

4)油浸变压器带电后，检查油系统是否有渗油现象。

5)变压器试运行要注意冲击电流，空载电流，一、二次电压及温度，并做好详细记录。

6)变压器并列运行前，应检查是否满足并联运行的条件，同时核对好相位。

7)变压器空载运行 24 h，无异常情况时方可投入负荷运行。

(2)验收。变压器开始带电起，24 h 后无异常情况，应办理验收手续。验收时，应移交下列资料和文件：

1)变更设计证明。

2)产品说明书、试验报告单、合格证及安装图纸等技术文件。

3)安装检查及调整记录。

5.2 配电柜的安装

配电柜(箱)分动力配电柜(箱)和照明配电柜(箱)、计量柜(箱)，是配电系统的末级设备。配电柜是电动机控制中心的统称。配电柜使用在负荷比较分散、回路较少的场合；电动机控制中心用于负荷集中、回路较多的场合。它们把上一级配电设备某一电路的电能分配给就近的负荷。这级设备应对负荷提供保护、监视和控制。

5.2.1 安装前的准备及要求

5.2.1.1 技术准备及要求

(1)施工图纸、设备产品合格证等技术资料齐全。

(2)施工方案、技术、安全、消防措施落实。

5.2.1.2 设备及材料要求

(1)设备及材料均应符合国家或部颁的现行技术标准，符合设计要求。实行生产许可证和安全认证制度的产品，有许可证编号和安全认证标志，相关认证资料齐全。

(2)设备有铭牌，注明厂家、型号。

(3)安装使用材料：

1)型钢表面无严重锈斑，无过度扭曲、弯折变形，焊条无锈蚀，有合格证和材质证明书。

2)镀锌制品螺栓、垫圈、支架、横担表面无锈斑，有合格证和质量证明书。

3)其他材料，铅丝、酚醛板、油漆、绝缘胶垫等均应符合质量要求。

4)配电箱体应有一定的机械强度，周边平整、无损伤。铁制箱体二层底板厚度不小于1.5 mm，阻燃型塑料箱体二层底板厚度不小于8 mm，木制板盘的厚度不应小于20 mm，并应刷漆做好防腐处理。

5)导线电缆的规格型号必须符合设计要求，有产品合格证。

5.2.1.3 安装前的作业条件

(1)土建工程施工标高、尺寸、结构及埋件均符合设计要求。

(2)盘柜屏台所在房间土建施工完毕，门窗封闭，墙面、屋顶油漆喷刷完，地面工程完毕。

(3)施工图纸、技术资料、柜面布置图齐全。技术、安全、消防措施落实。

(4)设备、材料齐全，并运至现场库。

5.2.2 配电柜的安装

配电柜的安装工艺如图5-9所示。

5.2.2.1 设备开箱检查

设备开箱检查由安装单位、供货单位及监理单位人员共同进行，并做好检查记录。按照设备清单、施工图纸及设备技术资料，核对柜本体及内部配件、备件的规格型号应符合设计图纸要求；附件、备件齐全；产品合格证件、技术资料、说明书齐全。柜(盘)本体外观检查应无损伤及变形，油漆完整无损。各配件布置整齐，符合设计要求。柜(盘)内部检

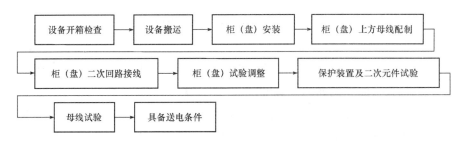

图 5-9　配电柜的安装工艺

查：电气装置及元件、保护装置、仪表、绝缘瓷件齐全，符合确认的图纸及技术协议要求，无损伤、裂纹等缺陷。

5.2.2.2　设备搬运

设备运输根据设备质量、距离长短可采用汽车、汽车吊配合运输、人力推车运输或滚杠运输。设备运输、吊装时应注意以下事项：

(1)道路要事先清理，保证平整畅通。

(2)设备吊点：柜(盘)顶部有吊环者，吊索应穿在吊环内；无吊环者，吊索应挂在四角主要承力结构处，不得将吊索吊在设备部件上。吊索的绳长应一致，以防柜体变形或损坏部件。

(3)汽车运输时，必须用麻绳将设备与车身固定牢固，开车要平稳，以防撞击损坏配电柜。

5.2.2.3　柜(盘)安装

(1)基础型钢安装。

1)将有弯的型钢调直，然后按图纸、配电柜(盘)技术资料提供的尺寸预制加工型钢架，并刷防锈漆做防腐处理。

2)按设计图纸将预制好的基础型钢架放于预埋铁件上，用水平尺找平、找正，可采用加垫片方法，但垫片不得多于 3 片，再将预埋铁件、垫片、基础型钢焊接成一体。最终基础型钢顶部应以高于抹平地面 100 mm 以上为宜。手车柜按产品技术要求执行。基础型钢安装的允许偏差见表 5-5。

表 5-5　基础型钢安装的允许偏差表

项目	允许偏差	
	mm/m	mm/全长
不直度	<1	<5
水平度	<1	<5
位置误差及不平行度		<5
注：环形布置按设计要求。		

3)基础型钢与地线连接。基础型钢安装完毕后，将室外或结构引入的镀锌扁钢引入室

内(与变压器安装地线配合)与型钢两端焊接，焊接长度为扁钢宽度的 2 倍，再将型钢刷两道灰漆。

(2)柜(盘)安装。柜(盘)安装，应按施工图纸的布置，按柜体布置图将柜放在基础型钢上。单独柜(盘)只找柜面和侧面的垂直度。成列柜(盘)各台就位后，先找正两端的柜，在从柜下至上 2/3 高的位置绷上小线，逐台找正，柜不标准以柜面为准。找正时采用 0.5 mm 铁片进行调整，每处垫片最多不能超过 3 片。然后按柜固定螺孔尺寸，在基础型钢架上用手电钻钻孔。一般无要求时，低压柜钻 ϕ12.2 孔，高压柜钻 ϕ16.2 孔，分别用 M12、M16 镀锌螺钉固定。其允许偏差见表 5-6。

表 5-6　盘、柜安装的允许偏差表

项目		允许偏差/mm
垂直度(每米)		<1.5
水平偏差	相邻两盘顶部	<2
	成列盘顶部	<5
盘面偏差	相邻两盘边	<1
	成列盘面	<5
盘间接缝		<2

5.2.2.4　柜(盘)上方母线配制

(1)盘柜的排列应按设计的布柜图进行。

1)柜(盘)就位，找正、找平后，除柜体与基础型钢固定，柜体与柜体、柜体与侧挡板均用镀锌螺钉连接。

2)柜(盘)接地。每台柜(盘)单独与基础型钢连接。每台柜从后面左下部的基础型钢侧面上焊上鼻子，用 6 mm² 铜线与柜上的接地端子连接牢固。

(2)母线安装：

1)母线的材质、尺寸及截面面积应符合设计要求。

2)所有柜内的母线应进行绝缘化处理。

3)母线接头处应处理良好，防止产生应力。

4)各相间的距离应符合要求。

柜(盘)顶上母线配制应进行局部的绝缘化处理，标号清晰。

5.2.2.5　柜(盘)二次回路接线

(1)按原理图逐台检查柜(盘)上的全部电气元件是否相符，其额定电压和控制、操作电源电压必须一致。

(2)按图敷设柜与柜之间的控制电缆连接线。

(3)控制线校线后，将每根芯线撅成圆圈，用镀锌螺钉、眼圈、弹簧垫连接在每个端子板上。端子板每侧一般一个端子压一根线，最多不能超过两根，并且两根线间加眼圈。多股线应搪锡，不准有断股。

5.2.2.6 柜(盘)试验调整

高压试验应按电气设备交接试验标准进行。试验标准符合现行国家规范及产品技术资料要求。试验内容如下。

(1)母线:

1)绝缘电阻。

2)交流耐压。

(2)真空断路器:

1)测量绝缘拉杆的绝缘电阻。

2)测量每相导电回路的电阻。

3)交流耐压试验。

4)测量断路器的分、合闸时间。

5)测量断路器主触头分、合闸同期性。

6)测量断路器合闸时触头的弹跳时间。

7)测量分、合闸线圈及安装接触器线圈的绝缘电阻和直流电阻。

8)断路器操动机构的试验。

(3)电流互感器:

1)绕组的绝缘电阻。

2)交流耐压试验。

3)极性。

4)绕组的直流电阻。

5)励磁特性试验。

6)变比测试。

(4)电压互感器:

1)绕组的绝缘电阻。

2)交流耐压试验。

3)极性。

4)绕组的直流电阻。

5)电压比测试。

(5)保护装置试验:

1)模拟量采样。

2)保护装置功能试验。

3)出口回路校验。

(6)二次控制小线调整:

1)将所有的接线端子螺钉再紧一次。

2)绝缘摇测:用 500 V 摇表在端子板处测试每条回路的电阻,电阻必须大小 0.5 MΩ。

3)二次小线回路如有晶体管、集成电路、电子元件时，该部位的检查不准使用摇表和试铃测试，使用万用表测试回路是否接通。

4)接通临时的控制电源和操作电源；将柜(盘)内的控制、操作电源回路熔断器上端相线拆掉，接上临时电源。

(7)模拟试验：按图纸要求，分别模拟试验控制、连锁、继电保护和信号动作，正确无误，灵敏可靠。拆除临时电源，将被拆除的电源线复位。

5.2.2.7 送电运行验收

(1)送电前的准备工作。

1)一般应由建设单位备齐试验合格的验电器、绝缘靴、绝缘手套、临时接地编织铜线、绝缘胶垫、粉末灭火器等。

2)彻底清扫全部设备及变配电室、控制室的灰尘。用吸尘器清扫电器、仪表元件。另外，室内除送电需用的设备用具外，其他物品不得堆放。

3)检查母线上、设备上有无遗留下的工具、金属材料及其他物件。

4)试运行的组织工作，明确试运行指挥者、操作者和监护人。

5)安装作业全部完毕，质量检查部门检查全部合格。

6)试验项目全部合格，并有试验报告单。

7)继电保护动作灵敏可靠，控制、连锁、信号等动作准确无误。

(2)送电。

1)将电源送至室内，经验电、校相无误。

2)对各路电缆摇测合格后，检查受电柜总开关处于"断开"位置，再进行送电，开关试送 3 次。

3)检查受电柜三相电压是否正常。

(3)验收。送电空载运行 24 h，无异常现象，办理验收手续，交建设单位使用。同时，提交变更洽商记录、产品合格证、说明书、试验报告单等技术资料。

5.2.3 配电柜安装的一般规定

(1)配电箱上的母线的相线应用颜色标出，L_1 相应用黄色，L_2 相应用绿色，L_3 相应用红色，中性线 N 相宜用蓝色，保护地线(PE 线)用黄、绿相间双色。

(2)柜(盘)与基础型钢间连接紧密，固定牢固，接地可靠，柜(盘)间接缝平整。

(3)盘面标志牌、标志框齐全，正确并清晰。

(4)小车、抽屉式柜推拉灵活，无卡阻碰撞现象；接地触头接触紧密，调整正确；推入时接地触头比主触头先接触，退出时接地触头比主触头后脱开。

(5)有两个电源的柜(盘)母线的相序排列一致，相对排列的柜(盘)母线的相序排列对称，母线色标正确。

(6)盘内母线色标均匀完整；二次接线排列整齐，回路编号清晰、齐全，采用标准端子头编号，每个端子螺丝上接线不超过两根。柜(盘)的引入、引出线路整齐。

(7)柜、屏、台、箱、盘的金属框架及基础型钢必须接地(PE)或接零(PEN)可靠；装有电器的可开门，门和框架的接地端子间应用裸编织铜线连接且有标识。

(8)低压成套配电柜、控制柜(屏、台)和动力、照明配电箱(盘)应有可靠的电击保护。柜(屏、台、箱、盘)内保护导体应有裸露的连接外部保护导体的端子，当设计无要求时，柜(屏、台、箱、盘)内保护导体最小截面面积 S_p 不应小于表 5-7 的规定。

表 5-7　相应的保护导体的最小截面面积 S_p

装置的相、导线的截面面积 S	相应的保护导体的最小截面面积 S_p
$S \leqslant 16$	$S_p = S$
$16 < S \leqslant 35$	$S_p = 16$
$35 < S \leqslant 400$	$S_p = S/2$

(9)柜内相间和相对地间的绝缘电阻值应大于 10 MΩ。

5.3　二次配线的安装

高低压开关柜、动力箱和三箱(配电箱、计量箱、端子箱)均少不了二次配线的安装。二次配线应依据二次接线图进行，二次接线图除用于配电柜的安装接线外，还为日常维修提供方便。其特点是反映设备器具的具体排列和实际连线，而不反映动作原理。常见的二次安装接线方法有直接法、线路编号法和元件相对编号法三种。本节主要通过元件相对编号法来阐述。

5.3.1　二次配线的安装工艺

二次配线的安装工艺如图 5-10 所示。

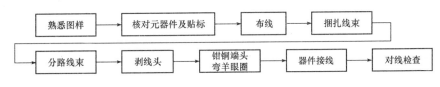

图 5-10　二次配线的安装工艺

5.3.1.1　熟悉图样

(1)看懂并熟悉电路原理图、施工接线图和屏面布置图等。

(2)施工接线图的图示方法如图 5-11 所示。

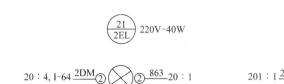

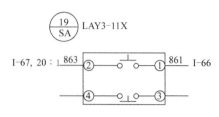

图 5-11　施工接线图的图示方法

注：1. 图中 2DM、861、863 表示电路原理图的编号；

2. 图中 19∶1、20∶1、21∶1、I-64、I-67 表示元器件之间连接线的编号，前面的数码表示元器件的编号，后面的数码表示元器件的接线点编号。

(3)按施工接线图布线顺序打印导线标号(导线控制回路一般采用 1.5 mm²，电流回路采用 2.5 mm²)，标号内容按原理回路编号进行加工(除图纸特殊要求例外)，如 2DM、863、861 等。

(4)按施工接线图标记端子功能名称填写名称单，并规定纸张尺寸，以便加工端子标条。

(5)按施工接线图交打字人员加工线号和元器件标贴。

5.3.1.2　核对元器件及贴标

(1)根据施工接线图，对柜体内所有电器元件的型号、规格、数量、质量进行核对，并确认安装是否符合要求，如发现电器元件外壳罩有碎裂、缺陷及接点有生锈、发霉等质量问题，应予以调换。

(2)按图样规定的电器元件标志，将"器件标贴"贴于该器件适当位置(一般贴于器件的下端中心位置)，要求"标贴"整齐、美观，并避开导线行线部位，便于阅读。

(3)按图样规定的端子名称，将"端子标条"插入该端子名称框内，JF5 型标记端子的平面处朝下，以免积尘。

(4)按原理图中规定的各种元器件的不同功能，将功能标签紧固到元器件安装板(面板)正面，使用 $\phi2.5$ 的螺钉紧固或粘贴。

(5)有模拟线的面板应校对与一次方案是否相符，如有错误，应反馈有关部门。

5.3.1.3　布线

(1)布线要求。线束要求横平竖直，层次分明，外层导线应平直，内层导线不扭曲或扭绞。在布线时，要将贯穿上下的较长导线排在外层，分支线与主线成直角，从线束的背面或侧面引出，线束的弯曲宜逐条用手弯成小圆角，其弯曲半径应大于导线直径的 2 倍，严禁用钳强行弯曲。布线时应按从上到下、从左到右(端子靠右边，否则反之)的顺序布线。

(2)按图样要求选择导线截面，见表 5-8。

表 5-8　高低压柜及三箱类的二次配线选择表

电路特征、用途		导线截面/mm	颜色
直流电压	≤48 V	0.5～1.0(优先采用 1.0)	黑
	≤220 V	1.5	黑
保护电压回路		1.5	黑
保护电流回路		2.5	黑
计量电压回路		1.5(2.5＊)	黑
电压互感器		2.5	黑
计量电流回路		2.5	黑
接地线		2.5	黄、绿双色
注：1. "＊"表示用于供电局规定的计量用表配线； 　　2. 导线截面当图纸有规定时，应按图纸所规定配线，特殊情况另与技术部、品质部议定。			

（3）将导线套上"标号套"打一个扣固定套管，然后比量第一个器件接头布线至第二个器件接头的导线长度，并加 20 cm 的余量长度后，剪断导线并套上"标号套"后打扣固定套管（标号套长度控制在 13 mm±0.5 mm），特殊标号较长规格以整台柜（箱）内容确定。

（4）在二次接线图中，根据元器件安装位置的不同，可以分为仪表门背视、操作板背视、端子箱、仪表箱、操作机构、柜内断路器室等。不同部分操作板的布线应把诸如连接端子箱、仪表箱等不同部位的导线按器件安装的实际尺寸剪取导线，并套上标号套，如图 5-12 所示。

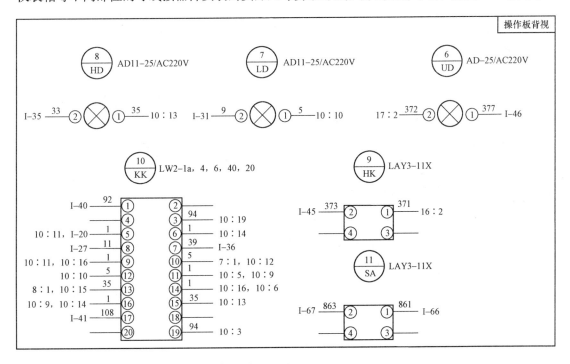

图 5-12　操作板背视接线图

图中，I—46、I—31、I—35、I—45、I—66、I—67、I—36、I—40、I—20、I—27、I—41

是表示从操作板连接至端子室。把这些导线按器件安装的实际位置，剪取导线，并套上标号套。按较长的导线在外面，较短的导线在里面的原则进行捆扎，按从上到下、从左到右进行布线，操作板中其余导线由于不与诸如端子室等其他不同部位连接，可按先后顺序进行敷设布线。当线束布线至元件 6、UD，型号为 AD－25/AC220V 时可将线束中的 377、372 二条分支线，引至元件第 1 接线脚及第 2 接线脚；当线束来到元件 7、LD，型号为 AD11－25/AC220V 时，将线束中的 9 接到元件的第 2 接线脚。标号为 5 的导线是从元件 7 布线至元件 10，按元器件所处的实际尺寸剪取标号为 5 的导线，并套上标号套，一端接入第 1 接线脚，另一端并入线束布线到元件 10，并将它接入元件 10、KK，型号为 LW2－1a、4、6a、40、20 中的第 10 接线脚。

5.3.1.4 捆扎线束

(1)塑料缠绕管捆扎线束可根据线束直径选择适当材料，见表 5-9，缠绕管捆扎线束时，每节间隔 5～10 mm，力求间隔一致，线束应平直。

表 5-9　塑料缠绕管捆扎线束对照表

名称	型号规格	适用导线束的外径	
塑料缠绕管	PCG1－6	φ6～12	10 根线以内
	PCG1－12	φ12～20	20 根线以内
	PCG1－20	φ20～28	30 根线以内

(2)落料。根据元件位置及配线实际走向量出用线长度，加上 20 cm 余量后落料、拉直、套上标号套。

(3)线束固定。用线夹将圆束线固定悬挂于柜内，使之与柜体保持大于 5 mm 距离，且不应贴近有夹角的边缘敷设，在柜体骨架或底板适当位置设置线夹，两线夹间的距离横向不超过 300 mm，纵向不超过 400 mm，紧固后线束不得晃动，且不损伤导线绝缘。

(4)跨门线一律采用多股软线，线长以门开至极限位置及关闭时线束不受其拉力与张力的影响而松动，以不损伤绝缘层为原则，并与相邻的器件保持安全距离，线束两端用支持件压紧，根据走线方位弯成 U 形或 S 形。

5.3.1.5 分路线束

线束排列应整齐、美观。如分路到继电器的线束，一般按水平居两个继电器中间两侧分开的方向行走，到接线端的每根线应略带弧形、裕度连接。继电器安装接线示意图如图 5-13 所示。再如分路到双排仪表的线束，可用中间分线的方式布置。双排仪表安装接线示意图如图 5-14 所示。

5.3.1.6 剥线头

导线端头连接器件接头，每根导线须有弧形余量(推荐 10 cm)，剪断导线多余部分，按规格用剥线钳剥去端头所需长度塑胶皮后把线头适当折弯。为防止标号头脱落，剥线时不得损伤线芯。

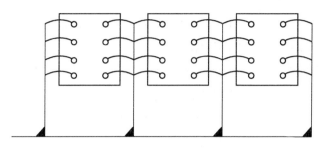

图 5-13　继电器安装接线示意图

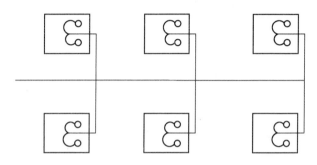

图 5-14　双排仪表安装接线示意图

5.3.1.7　钳铜端头和弯羊眼圈

(1)按导线截面选择合适的导线端头连接器件接头,用冷压钳将导线芯线压入铜端头内,注意其裸线部分不得大于 0.5 mm,导线也不得过多伸出铜端头的压接孔,更不得将绝缘层压入铜端头内。导线与端头连接如图 5-15 所示,特殊元件可不加铜端头但须经有关部门同意。

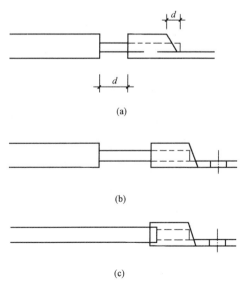

(a)

(b)

(c)

图 5-15　导线与端头连接示意图

（2）回路中所有冷压端头应采用 OT 型铜端头，一般不得采用 UT 型，特殊元件可根据实际情况选择 UT 型铜端头或 IT 型铜端头。

（3）有规定必须热敷的产品在铜端头冷压后，用 50 W 或 30 W 的电熔铁进行焊锡。焊锡点应牢固，均匀发亮，不得有残留助焊剂或损伤绝缘。

（4）单股导线的羊眼圈，曲圆的方向应与螺钉的紧固方向相同，开始曲圆部分和绝缘外皮的距离为 2~3 mm，以垫圈不会压住绝缘外皮为原则，圆圈内径和螺钉的间隙应不大于螺钉直径的 1/5。截面小于或等于 1 mm² 的单股导线应用焊接方法与接点连接，如元件的接点为螺钉紧固时，要用焊片过渡。

5.3.1.8 器件接线

（1）严格按施工接线图接线。

（2）接线前先用万用表或对线器校对是否正确，并注意标号套在接线后的视读方向（即从左到右，从下到上），如发现方向不对应立即纠正。

（3）当二次线接入一次线时，应在母线的相应位置钻 φ6 孔，用 M5 螺钉紧固，或用子母垫圈进行连接。

（4）对于管形熔断器的连接线，应在上端或左端接点引入电源，下端或右端接点引出；对于螺旋形熔断器应在内部接点引入电源，由螺旋套管接点引出。

（5）电流互感器的二次线不允许穿过相间，每组电流互感器只允许一点接地，并设独立接地线，不应串联接地，接地点位置应按设计图纸要求制作，如图纸未注时，可用专用接地垫圈在柜体接地。

（6）将导线接入器件接头上，用器件上原有螺钉拧紧（除特殊垫圈可不加弹簧外），应加弹簧垫圈（即螺钉→弹簧垫圈→垫圈→器件→垫圈→螺母，螺钉→垫圈→器件→垫圈→弹簧垫圈→螺母），螺钉必须拧紧，不得有滑牙，螺钉帽不得有损伤现象，螺纹露出螺母 1~5 扣（以 2~3 扣为宜）。

（7）标号套套入导线，导线压上铜端头后，必须将"标号套"字体向外，各标号套长度统一，排列整齐。

（8）所有器件不接线的端子都需配齐螺钉、螺母、垫圈并拧紧。

（9）导线与小功率电阻及须焊接的器件连接时，在焊接处与导线之间应加上绝缘套管，导线与发热件连接时，其绝缘层剥离长度按表 5-10 的规定，并套上适当长度的瓷管。

表 5-10 绝缘层剥离长度表

管形电阻发热功率为额定不同百分比时	7.5~15 W		25~200 W	
	≤30%	≤50%	≤30%	≤50%
选用 BV、BVR 导线剥去的绝缘长度/mm	10	20	20	40

（10）长期带电发热元件安装位置应靠上方，按其功率大小，与周围元件及导线束距离不小于 20 mm。

5.3.1.9　对线检查

二次安装接线即将完工时，应用万用表或校线仪对每根导线进行对线检查。可先用导通法进行对线检查，当确定接线无误后方可采用通电法对各回路进行通电试验。

5.3.2　二次配线安装的一般规定

(1)配线排列应布局合理、横平竖直、曲弯美观一致，接线正确、牢固，与图样一致。

(2)推荐采用成束捆扎行线的布置方法，采用成束捆扎行线时，布线应将较长导线放在线束上面，分支线从后面或侧面分出，紧固线束的夹具应结实、可靠，不应损伤导线的外绝缘，禁止用金属等易破坏绝缘的材料捆扎线束，屏(柜、台)内应安装用于固定线束的支架或线夹。

(3)行线槽布线时，行线槽的配置应合理。固定可靠，线槽盖启闭性好，颜色应保持一致。

(4)在装有电子器件的控制装置中，交流电流线及高电平(110 V以上)控制回路线应与低电平(110 V以下)，控制回路线分开走线，对于易受干扰的连接线，应采取有效的抗干扰措施。

(5)连接元器件端子或端子排的多股线，应采用冷压接端头，冷压连接要求牢靠，接触良好，高压产品的二次配线在冷压的基础上还必须热敷(焊锡)。

(6)连接器件端子或端子排的导线，在接线端处应加识别标记，如A411、B411等。导线标记用以识别电路中的导线，字迹排列应便于阅读且满足《标号头和符号牌加工固定工艺守则》的规定。

(7)在可运动的地方布线，如跨门线或有翻板的地方，一律采用多股软线，且须留有一定余量，以门板、翻板开至极限位置不受张力和拉力影响而使连接松动或损伤绝缘为原则，且关闭时不应有过大应力。

(8)过门线束还应采用固定线束的措施，过门线束 1.5 mm² 不超过 30 根，1 mm² 不超过45 根。若导线超出规定数量，可将线束分成 2 束或更多，以免因线束过大，影响门的开、关不自如，过门接地线低压柜不小于 2.5 mm²，高压柜不小于 4 mm²(指门与骨架之间)。

(9)连接导线中间不允许有接头，每一个端子不允许有两个以上的导线端头，并应确保连接可靠，元件本身引出线不够长，应用端子过渡，不允许悬空连接。

(10)导线束不能紧贴金属结构件敷设，穿越金属构件时应加装橡胶垫圈或其他绝缘套管。

(11)焊接接线只有在所选用元器件是采用此种形式时才允许。

(12)二次线所有紧固螺钉拧紧后螺纹露出螺帽 1~5 牙，以 2~3 牙为宜，所有螺钉不得有滑牙。

(13)已定型的批量产品，二次布线应一致，同批量产品材料色泽应力求相同。

(14)二次接线与高低压导体之间的电气绝缘距离见表 5-11。

表 5-11 二次接线与高低压导体之间的电气绝缘距离

额定电压/kV	≤0.5	3	6~10
二次线与裸露导电体之间距离/mm	≥12	≥75	≥125
二次带电体与地之间绝缘距离/mm	≥5	—	—
二次带电导体之间的电气间隙/mm	≥3	—	—

(15)指示灯及按钮的颜色如无特殊规定，按表 5-12 执行。

表 5-12 指示灯及按钮颜色对照表

名称 \ 功能 颜色	合闸	分闸	储能
指示灯	白或红	绿	黄
按钮	绿	红	黑

项目总结

建筑电气设备主要有变压器、配电柜等。

变压器安装前的检查包括外观检查和绝缘检查。绝缘检查包括测量变压器高压对低压对地的绝缘电阻值和绝缘油耐压试验。变压器绝缘电阻值若低于规程要求，应对变压器进行干燥处理；绝缘油耐压低于规定值，应对变压器油进行过滤处理。

变压器就位安装，应注意高、低压侧安装位置，就位后，应将滚轮加以固定，变压器高低压母线中心线应与套管中心一致。

在做变压器冲击试验时，对于中性点接地系统的变压器，中性点必须接地，第一次通电后，持续时间应不少于 10 min，5 次冲击应无异常情况，保护装置不应误动作。

配电柜的安装可以用螺栓固定，也可焊接固定，但对主控盘、自控盘、继电保护盘不宜与基础型钢焊接。

盘(柜)一般都安装在基础型钢框架上，型钢的埋设方法有两种，即直接埋设法和预留槽埋设法。

配电柜、变压器安装时，一定要按施工工艺进行，对每一步要按工艺要求进行检查并调整，最后进行调试验收。

二次接线是指对二次设备进行控制、检测、操作、计量、保护等的全部低压回路的接线。二次接线的依据是屏背面接线图，屏背面接线图是以相对编号法原则绘制的，只要看线端的标号就知道线路另一端在哪里。

(1)简述变压器安装工艺流程。

(2)变压器安装前检查的内容有哪些?

(3)变压器就位安装应注意哪些问题?

(4)为什么要对变压器进行试验?试验项目有哪些?

(5)怎样做变压器的冲击试验?

(6)柜(屏)内保护导体最小截面面积 S_P 有哪些规定?

(7)配电柜送电前应做哪些准备工作?

(8)二次安装接线图有哪些特点?

(9)二次安装接线图绘制有哪几种方法?各有什么特点?

(10)二次配线安装有哪些规定?

项目 6　电缆线路施工

知识目标

1. 掌握电缆敷设的一般要求和方法。
2. 掌握电缆头的制作方法。

能力目标

1. 能根据电缆敷设的一般要求和方法，进行电缆敷设。
2. 能根据电缆施工图及技术要求，进行电缆头的制作。

电缆线路在电力系统中作为传输和分配电能使用。随着时代的发展，电力电缆在民用建筑、工矿企业等领域应用越来越广泛。电缆线路与架空线路比较，具有敷设方式多样；占地少；不占或少占用空间；受气候条件和周围环境的影响小；传输性能稳定；维护工作量较小；且整齐美观等优点。但是电缆线路也有一些不足之处，如投资费用较大；敷设后不宜变动；线路不宜分支；寻测故障较难；电缆头制作工艺复杂等。

6.1　电缆的基本认知

6.1.1　电缆的种类与结构

电缆的种类很多，按用途分有电力电缆和控制电缆；按电压等级分有高压电缆和低压电缆；按导线芯数分有一～五芯(电力电缆)；按绝缘材料分有纸绝缘电力电缆、聚氯乙烯绝缘电力电缆、聚乙烯绝缘电力电缆、交联聚乙烯绝缘电力电缆和橡皮绝缘电力电缆。

电力电缆是由三个主要部分组成，即导电线芯、绝缘层和保护层。其结构可参见图6-1所示。

图6-1　交联聚乙烯绝缘电力电缆

1—缆芯(铜芯或铝芯)；2—交联聚乙烯绝缘层；
3—聚氯乙烯护套(内护层)；4—钢铠或铝铠(外护层)；
5—聚氯乙烯外套(外护层)

（1）电力电缆的导电线芯是用来传导大功率的，其所用材料通常是高导电率的铜和铝。我国制造的电缆线芯的标称截面有 2.5～800 mm² 多种规格。

（2）电缆绝缘层是用来保证导电线芯之间、导电线芯与外界的绝缘。绝缘层包括分相绝缘和统包绝缘。绝缘层的材料有纸、橡皮、聚氯乙烯、聚乙烯和交联聚乙烯等。

（3）电力电缆的保护层分内护层和外护层两部分。内护层主要是保护电缆统包绝缘不受潮湿和防止电缆浸渍剂外流及轻度机械损伤。外护层是用来保护内护层的，防止内护层受到机械损伤或化学腐蚀等。护层包括铠装层和外被层两部分。

6.1.2　电缆的型号及名称

我国电缆的型号是采用汉语拼音字母组成，带外护层的电缆则在字母后加上两个阿拉伯数字。常用的电缆型号中汉语拼音字母的含义及排列次序见表 6-1。

电缆外护层的结构采用两个阿拉伯数字表示，前一个数字表示铠装层结构，后一个数字表示外被层结构。阿拉伯数字代号的含义见表 6-2。

表 6-1　常用的电缆型号中汉语拼音字母的含义及排列次序

类别	绝缘种类	线芯材料	内护层	其他特征	外护层
电力电缆不表示 K—控制电缆 Y—移动式软电缆 P—信号电缆 H—市内电话电缆	Z—纸绝缘 X—橡皮 V—聚氯乙烯 YJ—交联氯乙烯	T—铜（省略） L—铝	Q—铅护套 L—铝护套 H—橡套 (H)F—非燃性橡套 V—聚氯乙烯护套 Y—聚乙烯护套	D—不滴流 F—分相铅包 P—屏蔽 C—重型	2 个数字（含义见表 6-2）

表 6-2　电缆外护层代号的含义

第一个数字		第二个数字	
代号	铠装层类型	代号	外被层类型
0	无	0	无
1	—	1	纤维绕包
2	双钢带	2	聚氯乙烯护套
3	细圆钢丝	3	聚乙烯护套
4	粗圆钢丝	4	—

根据电缆的型号，就可以读出该种电缆的名称。例如，BV——铜芯聚氯乙烯绝缘电

线；BVR——铜芯聚氯乙烯绝缘软电缆；BVVB——铜芯聚氯乙烯绝缘聚氯乙烯护套扁型电缆。

电缆的规格又由额定电压、芯数及标称截面组成。

电线及控制电缆等一般的额定电压为 300/300 V、300/500 V、450/750 V；中低压电力电缆的额定电压一般有 0.6/1 kV、1.8/3 kV、3.6/6 kV、6/6(10)kV、8.7/10(15)kV、12/20 kV、18/20(30) kV、21/35 kV、26/35 kV 等。

电线电缆的芯数根据实际需要来决定，一般电力电缆主要有 1、2、3、4、5 芯，电线主要也是 1～5 芯，控制电缆有 1～61 芯。

标称截面是指导体横截面的近似值，是为了达到规定的直流电阻，方便记忆并且统一而规定的一个导体横截面附近的一个整数值。我国统一规定的导体横截面有 0.5、0.75、1、1.5、2.5、4、6、10、16、25、35、50、70、95、120、150、185、240、300、400、500、630、800、1 000、1 200(mm) 等。这里要强调的是导体的标称截面不是导体的实际的横截面，导体实际的横截面许多比标称截面小，有几个比标称截面大。在实际生产过程中，只要导体的直流电阻能达到规定的要求，就可以说这根电缆的截面是达标的。

例如：BVVB—450/750 V—2×1.5，表示铜芯聚氯乙烯绝缘聚氯乙烯护套扁型电缆，额定电压为 450/750 V，2 芯，导体的标称截面为 1.5 mm^2。

6.2　电缆的敷设

室外电缆的敷设方式很多，有电缆直埋式、电缆沟、排管、隧道、穿管等。采用何种敷设方式，应根据电缆的根数、电缆线路的长度以及周围环境条件等因素决定。

6.2.1　电缆的直埋敷设

电缆直埋敷设就是沿选定的路线挖沟，然后将电缆埋设在沟内。此种方式一般适用于沿同一路径，线路较长且电缆根数不多(8 根以下)的情况。电缆直埋敷设具有施工简便，费用较低，电缆散热好等优点，但土方量大，电缆还易受到土壤中酸碱物质的腐蚀。

电缆直埋敷设的施工工艺如图 6-2 所示。

挖沟 → 预埋电缆保护管 → 埋设隔热层 → 敷设电缆 → 回填土 → 埋标桩

图 6-2　电缆直埋敷设的施工工艺

6.2.1.1　挖沟

按图纸用白灰在地面上划出电缆行径的线路和沟的宽度。电缆沟的宽度取决于电缆的数量，如数条电力电缆或与控制电缆在同一沟中，则应考虑散热等因素，其宽度和形状见表 6-3 并如图 6-3 所示。

表 6-3　电缆壕沟宽度表

电缆壕沟宽度 B/mm		控制电缆根数						
		0	1	2	3	4	5	6
10 kV 及以下电力电缆根数	0		350	380	510	640	770	900
	1	350	450	580	710	840	970	1 100
	2	500	600	730	860	990	1 120	1 250
	3	650	750	880	1 010	1 140	1 270	1 400
	4	800	900	1 030	1 160	1 290	1 420	1 550
	5	950	1 050	1 180	1 310	1 440	1 570	1 800
	6	1 100	1 200	1 330	1 460	1 590	1 720	1 850

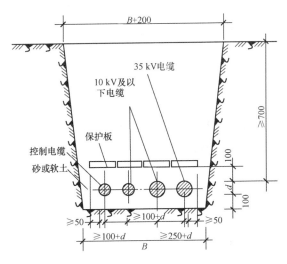

图 6-3　10 kV 及以下电缆直埋敷设示意图

电缆沟的深度一般要求不小于 800 mm，以保证电缆表面与地面的距离不小于 700 mm。当遇到障碍物或冻土层以下、电缆沟的转角处，要挖成圆弧形，以保证电缆的弯曲半径。电缆接头的两端以及引入建筑和引上电杆处需挖出备用电缆的预留坑。

6.2.1.2　预埋电缆保护管

当电缆与铁、公路交叉，电缆进建筑物隧道，穿过楼板及墙壁，以及其他可能受到机械损伤的地方，应事先埋设电缆保护管，然后将电缆穿在管内。这样能防止电缆受机械损伤，而且也便于检修时电缆的拆换。电缆与铁、公路交叉时，其保护管顶面距轨道底或公路面深度不小于 1 m，管的长度除满足路面宽度外，还应两边各伸出 1 m。保护管可采用钢管或水泥管等。管的内径不小于电缆的直径的 1.5 倍。管道内部应无积水且无杂物堵塞。如果采用钢管，应在埋设前将管口加工成喇叭形，在电缆穿管时，可以防止管口割伤电缆。

电缆穿管时，应符合下列规定：

(1)每根电力电缆应单独穿入一根管内，但交流单芯电力电缆不得单独穿入钢管内。

(2)裸铠装控制电缆不得与其他处护电缆穿入同一根管内。

(3)敷设在混凝土、陶土管、石棉水泥管的电缆，可使用塑料护套电缆。

6.2.1.3　埋设隔热层

当电缆与热力管道交叉或接近时，其最小允许距离为平行敷设 2 m；交叉敷设为 0.5 m。如果不能满足这个数值要求时，应在接近段或交叉前后 1 m 范围内做隔热处理。其方法如图 6-4 所示。在任何情况下，不能将电缆平行敷设在热力管道的上面或下面。

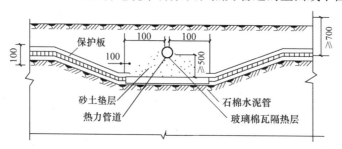

图 6-4　电缆与热力管道交叉的隔热法

6.2.1.4　敷设电缆

首先将运到现场的电缆进行核算，弄清楚每盘电缆的长度，确定中间接头的地方。按线路的具体情况，配置电缆长度，避免造成浪费。在核算时，应注意不要把电缆接头放在道路交叉处、建筑物的大门口以及其他管道交叉的地方，如在同一条电缆沟内有数条电缆并列敷设时，电缆接头的位置应互相错开，使电缆接头保持 2 m 以上的距离，以便日后检修。

电缆敷设常用的方法有两种，即人工敷设和机械牵引敷设。无论采用何种方法，都要先将电缆盘稳固地架设在放线架上，使它能自由地活动，然后从盘的上端引出电缆，逐渐松开放在滚轮上，用人工或机械向前牵引，如图 6-5 所示，在施放过程中，电缆盘的两侧应有专人协助转动，并备有适当的工具，以便随时刹住电缆盘。

图 6-5　电缆用滚轮敷设方法

电缆放在沟底，不要拉得很直，使电缆长度比沟长 0.5%～1%，这样可以防止电缆在冬季停止使用时，不致因冷缩长度变短而受过大的拉力。

电缆的上、下需铺以不小于 100 mm 厚的细砂，再在上面铺盖一层砖或水泥预制盖板，其覆盖宽度应超过电缆两侧各 50 mm，以便将来挖土时，可表明土内埋有电缆，使电缆不受机械损伤。

6.2.1.5 回填土

电缆敷设完毕，应请建设单位、监理单位及施工单位的质量检查部门共同进行隐蔽工程验收，验收合格后方可覆盖、填土。填土时应分层夯实，覆土要高出地面 150～200 mm，以备松土沉陷。

6.2.1.6 埋标桩

直埋电缆在直线段每隔 50～100 m 处、电缆的拐弯、接头、交叉、进出建筑物等地段应设标桩。标桩露出地面以 15 cm 为宜。

6.2.1.7 直埋电缆敷设的一般规定

(1)在电缆线路路径上有可能使电缆受到机械性损伤、化学作用、地下电流、振动、热影响、腐殖物质、虫鼠等危害的地段，应采取保护措施。

(2)电缆埋置深度应符合下列要求：电缆表面距地面的距离不应小于 0.7 m。穿越农田时不应小于 1 m。在引入建筑物、与地下建筑物交叉及绕过地下建筑物处，可浅埋，但应采取保护措施。

(3)电缆应埋设于冻土层以下，当受条件限制时，应采取防止电缆受到损坏的措施。

(4)电缆之间，电缆与其他管道、道路、建筑物等之间平行和交叉时的最小净距，应符合表 6-4 的规定。严禁将电缆平行敷设于管道的上方或下方。

表 6-4 电缆之间，电缆与管道、道路、建筑物之间平行和交叉时的最小净距表

项目		平行	交叉
电力电缆间及其与控制电缆间	10 kV 及以下	0.10	0.50
	10 kV 以上	0.25	0.50
控制电缆间		—	0.50
不同使用部门的电缆间		0.50	0.50
热管道(管沟)及热力设备		2.00	0.50
油管道(管沟)		1.00	0.50
可燃气体及易燃液体管道(沟)		1.00	0.50
其他管道(管沟)		0.50	0.50
铁路路轨		3.00	1.00
电气化铁路路轨	交流	3.00	1.00
	直流	10.0	1.00
公路		1.50	1.00
城市街道路面		1.00	0.70
杆基础(边线)		1.00	—
建筑物基础(边线)		0.60	—
排水沟		1.00	0.50

(5)电力电缆间及其与控制电缆间或不同使用部门的电缆间，当电缆穿管或用隔板隔开

时，平行净距可降低为 0.1 m。

（6）电力电缆间、控制电缆间以及它们相互之间，不同使用部门的电缆间在交叉点前后 1 m 范围内，当电缆穿入管中或用隔板隔开时，其交叉净距可降为 0.25 m。

（7）电缆与热管道（沟）、油管道（沟）、可燃气体及易燃液体管道（沟）、热力设备或其他管道（沟）之间，虽净距能满足要求，但检修管路可能伤及电缆时，在交叉点前后 1 m 范围内，还应采取保护措施；当交叉净距不能满足要求时，应将电缆穿入管中，其净距可减为 0.25 m。

（8）电缆与热管道（沟）及热力设备平行、交叉时，应采取隔热措施，使电缆周围的温升不超过 10 ℃。

（9）当直流电缆与电气化铁路路轨平行、交叉其净距不能满足要求时，应采取防电化腐蚀措施。

6.2.2　电缆在电缆沟和隧道内敷设

电缆沟敷设方式主要适用于在厂区或建筑物内地下电缆数量较多但不需采用隧道时以及城镇人行道开挖不便，且电缆需分期敷设时。电缆隧道敷设方式主要适用于同一通道的地下中低压电缆达 40 根以上或高压单芯电缆多回路的情况，以及位于有腐蚀性液体或经常有地面水流溢出的场所。电缆沟和电缆隧道敷设具有维护、保养和检修方便等特点。

电缆沟和电缆隧道敷设的施工工艺如图 6-6 所示。

图 6-6　电缆沟和电缆隧道敷设的施工工艺

6.2.2.1　砌筑沟道

电缆沟和电缆隧道通常由土建专业人员用砖和水泥砌筑而成。其尺寸应按照设计图的规定，沟道砌筑好后，应有 5～7 天的保养期。室外电缆沟的断面如图 6-7 所示。电缆隧道内净高不应低于 1.9 m，有困难时局部地区可适当降低。电缆隧道断面图如图 6-8 所示。图中尺寸 c 与电缆的种类有关，当电力电缆为 36 kV 时，$c \geqslant 400$ mm；电力电缆为 10 kV 及以下时，$c \geqslant 300$ mm；若为控制电缆，$c \geqslant 250$ mm。其他各部尺寸也应符合有关规定。

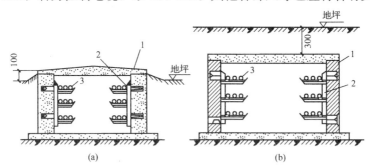

图 6-7　室外电缆沟的断面

（a）无覆盖电缆沟；（b）有覆盖电缆沟

1—接地线；2—支架；3—电缆

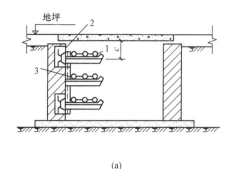

(a)

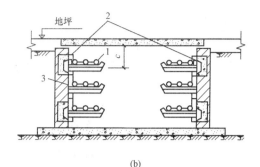

(b)

图 6-8　电缆隧道断面图

(a)单侧支架；(b)双侧支架

1—电力电缆；2—接地线；3—支架

电缆沟和电缆隧道应采取防水措施，其底部应做成坡度不小于 0.5％的排水沟，积水可及时直接接入排水管道或经积水坑，积水井用水泵抽出，以保证电缆线路在良好环境下运行。

6.2.2.2　制作、安装支架

常用的支架有角钢支架和装配式支架，角钢支架需要自行加工制作，装配式支架由工厂加工制作。支架的选择、加工要求一般由工程设计决定。也可以按照标准图集的做法加工制作。安装支架时，宜先找好直线段两端支架的准确位置，并安装固定好，然后拉通线再安装中间部位的支架，最后安装转角和分岔处的支架。角钢支架安装示意图如图 6-9 所示。支架制作、安装一般要求如下：

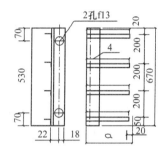

图 6-9　角钢支架安装示意图

(1)制作电缆支架所使用的材料必须是标准钢材，且应平直无明显扭曲。

(2)电缆支架制作中，严禁使用电、气焊割孔。

(3)在电缆沟内支架的层架(横撑)的长度不宜超过 0.35 m，在电缆隧道内支架的层架(横撑)的长度不宜超过 0.5 m。保证支架安装后在电缆沟内、电缆隧道内留有一定的通路宽度。

(4)电缆沟支架组合和主架安装尺寸、支架层间垂直距离和通道宽度的最小净距、电缆支架最上层及最下层至沟顶和沟底的距离、电缆支架间或固定点间的最大距离等应符合设计要求或有关规定。

(5)支架在室外敷设时应进行镀锌处理，否则，宜采用涂磷代底漆一道，过氧乙烯漆两道。如支架用于湿热、盐雾以及有化学腐蚀地区时，应根据设计做特殊的防腐处理。

(6)为防止电缆产生故障时危及人身安全，电缆支架全长均应有良好的接地，当电缆线路较长时，还应根据设计进行多点接地。接地线应采用直径不小于 $\phi 12$ 镀锌圆钢，并应在电缆敷设前与支架焊接。

6.2.2.3 电缆敷设

按电缆沟或电缆隧道的电缆布置图敷设电缆并逐条加以固定，固定电缆可采用管卡子或单边管卡子，也可用 U 形夹及 Π 形夹固定。电缆固定的方法如图 6-10 和图 6-11 所示。

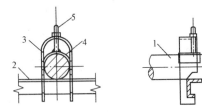

图 6-10　电缆在支架上用 U 形夹固定安装

1—电缆；2—支架；3—U 形夹；4—压板；5—螺栓

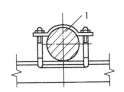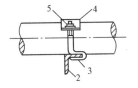

图 6-11　电缆在支架上用 Π 形夹固定安装

1—电缆；2—支架；3—Π 形夹；4—压板；5—螺母

电缆沟或电缆隧道电缆敷设的一般规定如下。

(1)各种电缆在支架上的排列顺序：高压电力电缆应放在低压电力电缆的上层；电力电缆应放在控制电缆的上层；强电控制电缆应放在弱电控制电缆的上层。若电缆沟和电缆隧道两侧均有支架时，1 kV 以下的电力电缆与控制电缆应与 1 kV 以上的电力电缆分别敷设在不同侧的支架上。

(2)电力电缆在电缆沟或电缆隧道内并列敷设时，水平净距应符合设计要求，一般可为 35 mm，但不应小于电缆的外径。

(3)敷设在电缆沟的电力电缆与热力管道、热力设备之间的净距，平行时不小于 1 m，交叉时不应小于 0.5 m。如果受条件限制，无法满足净距的要求时，则应采取隔热保护措施。

(4)电缆不宜平行敷设于热力设备和热力管道上部。

6.2.2.4 盖盖板

电缆沟盖板的材料有水泥预制块、钢板和木板。采用钢板时，钢板应做防腐处理。采用木板时，木板应做防火、防蛀和防腐处理。电缆敷设完毕后，应清除杂物，盖好盖板，必要时还应将盖板缝隙密封。

6.2.3 电缆在排管内敷设

电缆排管敷设方式，适用于电缆数量不多(一般不超过 12 根)，而与道路交叉较多，路径拥挤，又不宜采用直埋或电缆沟敷设的地段。穿电缆的排管大多是水泥预制块，排管也可采用混凝土管或石棉水泥管。

电缆排管敷设的施工工艺如图 6-12 所示。

图 6-12　电缆排管敷设的施工工艺

6.2.3.1　挖沟

电缆排管敷设时，首先应根据选定的路径挖沟，沟的挖设深度为 0.7 m 加排管厚度，宽度略大于排管的宽度。排管沟的底部应垫平夯实，并应铺设厚度不小于 80 mm 的混凝土垫层。垫层坚固后方可安装电缆排管。

6.2.3.2　人孔井设置

为便于敷设、拉引电缆，在敷设线路的转角处、分支处和直线段超过一定长度时，均应设置人孔井。一般人孔井间距不宜大于 150 m，净空高度不应小于 1.8 m，其上部直径不小于 0.7 m。人孔井内应设集水坑，以便集中排水。人孔井由土建专业人员用水泥砖块砌筑而成。人孔井的盖板也是水泥预制板，待电缆敷设完毕后，应及时盖好盖板。

6.2.3.3　安装电缆排管

将准备好的排管放入沟内，用专用螺栓将排管连接起来，既要保证排管连接平直，又要保证连接处密封。排管安装的要求如下：

(1)排管孔的内径不应小于电缆外径的 1.5 倍，但电力电缆的管孔内径不应小于 90 mm，控制电缆的管孔内径不应小于 75 mm。

(2)排管应倾向人孔井侧有不小于 0.5% 的排水坡度，以便及时排水。

(3)排管的埋设深度为排管顶部距离地面不小于 0.7 m，在人行道下面可不小于 0.5 m。

(4)在选用的排管中，排管孔数应充分考虑发展需要的预留备用。一般不得少于 1～2 孔，备用回路配置于中间孔位。

6.2.3.4　覆土

与直埋电缆的方式类似。

6.2.3.5　埋标桩

与直埋电缆的方式类似。

6.2.3.6　穿电缆

穿电缆前，首先应清除孔内杂物，然后穿引线，引线可采用毛竹片或钢丝绳。在排管中敷设电缆时，把电缆盘放在井坑口，然后用预先穿入排管孔眼中的钢丝绳，将电缆拉入管孔内，为了防止电缆受损伤，排管口应套以光滑的喇叭口，井坑口应装设滑轮，如图 6-13 所示。

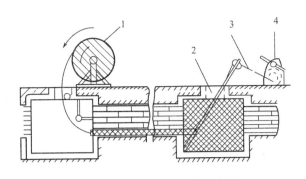

图6-13 在两人孔井间拉引电缆

1—电缆盘；2—井坑；3—绳索；4—绞磨

6.2.4 电缆敷设的一般规定

电缆敷设过程中，一般按下列程序：先敷设集中的电缆，再敷设分散的电缆；先敷设电力电缆，再敷设控制电缆；先敷设长电缆，再敷设短电缆；先敷设难度大的电缆，再敷设难度小的电缆。电缆敷设的一般规定如下：

(1)施工前应对电线进行详细检查；规格、型号、截面、电压等级均符合设计要求，外观无扭曲、坏损及漏油、渗油等现象。

(2)每轴电缆上应标明电缆规格、型号、电压等级、长度及出厂日期。电缆盘应完好无损。

(3)电缆外观完好无损，铠装无锈蚀，无机械损伤，无明显皱折和扭曲现象。油浸电缆应密封良好，无漏油及渗油现象。橡套及塑料电缆外皮及绝缘层无老化及裂纹。

(4)电缆敷设前进行绝缘测定。如工程采用1 kV以下电缆，用1 kV摇表摇测线间及对地的绝缘电阻不低于10 MΩ。摇测完毕，应将芯线对地放电。

(5)冬季电缆敷设，温度达不到规范要求时，应将电缆提前加温。

(6)电缆短距离搬运，一般采用滚动电缆轴的方法。滚动时应按电缆轴上箭头指示方向滚动。如无箭头时，可按电缆缠绕方向滚动，切不可反缠绕方向滚运，以免电缆松弛。

(7)电缆支架的架设地点应选好，以敷设方便为准，一般应在电缆起止点附近为宜。架设时，应注意电缆轴的转动方向，电缆引出端应在电缆轴的上方，敷设方法可用人力或机械牵引。

(8)有麻皮保护层的电缆，进入室内部分，应将麻皮剥掉，并涂防腐漆。

(9)电缆穿过楼板时，应装套管，敷设完后将套管用防火材料封堵严密。

(10)电缆两端头处的门窗装好，并加锁，防止电缆丢失或损毁。

(11)三相四线制系统中必须采用四芯电力电缆，不可采用三芯电缆加一根单芯电缆或以导线、电缆金属护套等作中性线，以免损坏电缆。

(12)电缆敷设时，不应破坏电缆沟、隧道、电缆井和人孔井的防水层。

(13)并联使用的电力电缆，应使用型号、规格及长度都相同的电缆。

(14)电缆敷设时，不应使电缆过渡弯曲，电缆的最小弯曲半径应符合相关规范的规定。

(15)电缆进入电缆沟、隧道、竖井、建筑物、盘(柜)以及穿入管子时，出入口应封闭，管口应密封。

6.3 电缆中间接头和终端头的制作

电缆线路两末端的接头称为终端头，中间的接头称为中间接头，终端头和中间接头又统称为电缆头。电缆头一般是在电缆敷设就位后在现场进行制作。其主要作用是使电缆保持密封，使线路畅通，并保证电缆接头处的绝缘等级，使其能够安全可靠的运行。

6.3.1 电缆头施工的基本要求

(1)施工前应做好一切准备工作，如熟悉安装工艺；对电缆、附件以及辅助材料进行验收和检查；施工用具配备到位。

(2)当周围环境及电缆本身的温度低于 5 ℃时，必须采暖和加温，对塑料绝缘电缆则应在 0 ℃以上。

(3)施工现场周围应不含导电粉尘及腐蚀性气体，操作中应保持材料工具的清洁，环境应干燥，霜、雪、露、积水等应清除。当相对湿度高于 70% 时，不宜施工。

(4)操作时，应严格防止水和其他杂质侵入绝缘层材料，尤其在天热时，应防止汗水滴落在绝缘材料上。

(5)用喷灯封铅或焊接地线时，操作应熟练、迅速，防止过热，避免灼伤铅包及绝缘层。

(6)从剖铅开始到封闭完成，应连续进行，且要求时间越短越好，以免潮气进入。

(7)切剥电缆时，不允许损伤线芯和应保留的绝缘层，且使线芯沿绝缘表面至最近接地点(金属护套端部及屏蔽)的最小距离应符合下列要求：1 kV 电缆为 50 mm，6 kV 电缆为 60 mm，10 kV 电缆为 125 mm。

6.3.2 10 kV 交联聚乙烯电缆热缩型中间接头的制作

热缩型中间接头所用主要附件和材料有：相热缩管、外热缩管、内热缩管、未硫化乙丙橡胶带、热熔胶带、半导体带、聚乙烯带、接地线(25 mm^2 软铜线)、铜屏蔽网等。

制作过程如下：

(1)准备工作。把所需材料和工具准备齐全，核对电缆规格型号，测量绝缘电阻，确定剥切尺寸，锯割电缆铠装，清擦电缆铅(铝)包。

(2)剖切电缆外护套。先将内、外热缩套入一侧电缆上，将需要连接的两电缆端头 500 mm 一段外护套剖切剥除。

（3）剥除钢带。自外护套切口向电缆端部量 50 mm，装上钢带卡子；然后在卡子外边缘沿电缆周长在钢带上锯一环形深痕，将钢带剥除。

（4）剖切内护套。在距钢带切口 50 mm 处剖切内护套。

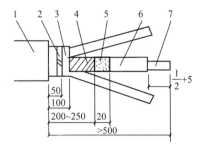

图 6-14　电缆剖切尺寸
1—外护套；2—钢带卡子；3—内护套；
4—铜屏蔽带；5—半导体布；
6—交联聚乙烯绝缘；7—线芯

（5）剥除铜屏蔽带。自内护套切口向电缆端头量取 100~150 mm，将该段铜屏蔽带用细铜线绑扎，其余部分剥除。屏蔽带外侧 20 mm 一段半导体布保留，其余部分去除。电缆剖切尺寸如图 6-14 所示。

（6）清洗线芯绝缘、套相热缩管。为了除净半导电薄膜，用无水乙醇清洗三相线芯交联聚乙烯绝缘层表面，并分相套入铜屏蔽网及相热缩管。

（7）剥除绝缘、压接连接管。剥除线芯端头交联聚乙烯绝缘层，剥除长度为连接管长度的 1/2 加 5 mm，然后用无水乙醇清洁线芯表面，将清洁好的两端头分别从连接管两端插入连接管，用压接钳进行压接，每相接头不少于 4 个压点。

（8）包绕橡胶带。在压接管上及其两端裸线芯外包绕未硫化乙丙橡胶带，采用半迭包方式绕包 2 层，与绝缘接头处的绕包一定要严密。

（9）加热相热缩管。先在接头两边的交联聚乙烯绝缘层上适当缠绕热熔胶带，然后将事先套入的相热缩管移至接头中心位置，用喷灯沿轴向加热，使热缩管均匀收缩，裹紧接头。注意加热收缩时，不应产生皱褶和裂缝。

（10）焊接铜屏蔽带。先用半导体带将两侧半导体屏蔽布缠绕连接，再展开铜屏蔽网与两侧的铜屏蔽带焊接，每一端不少于 3 个焊点。

（11）加热内热缩管。先将三根线芯并拢，用聚氯乙烯带将线芯及填料绕包在一起，在电缆内护套处适当缠绕热熔胶带；然后将内热缩管移至中心位置，用喷灯加热使之均匀收缩。

（12）焊地线。在接头两侧电缆钢带卡子处焊接接地线。

（13）加热外热缩管。先在电缆外护套上适当缠绕热熔胶带，然后将外热缩管移至中心位置，用喷灯加热使之均匀收缩。

制作完毕的中间接头结构如图 6-15 所示。其安装要求按施工验收规范执行。

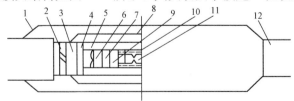

图 6-15　交联聚乙烯电缆热缩中间头结构
1—外热缩管；2—钢带卡子；3—内护套；4—铜屏蔽带；5—铜屏蔽网；
6—半导体屏蔽带；7—交联聚乙烯绝缘层；8—内热缩管；9—相热缩管；
10—未硫化乙丙橡胶带；11—中间连接管；12—外护套

6.3.3　10 kV 交联聚乙烯电缆热缩型终端头制作

热缩型终端头所用主要附件和材料有：接线端子、热收缩绝缘管、热收缩护套管、热收缩应力管、热收缩三叉手套、相色密封管、热缩防雨罩、热熔胶带、铝箔带、铜编织地线、酒精等。

6.3.3.1　10 kV 交联聚乙烯电力电缆户内终端头制作

10 kV 交联聚乙烯电力电缆户内终端头制作工序流程如图 6-16 所示。

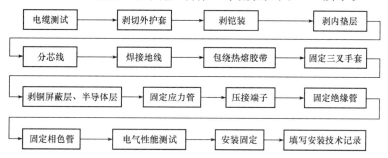

图 6-16　10 kV 交联聚乙烯电力电缆户内终端头制作工序流程图

制作过程如下：

(1)电缆测试。制作前用 2 500 V 兆欧表测量绝缘电阻，一般应大于 5 000 MΩ。

(2)剥切外护套。用电缆夹将电缆垂直固定，按图 6-17 所示尺寸，户内头由末端量取 550 mm、户外头由末端量取 750 mm，剥去外护套。

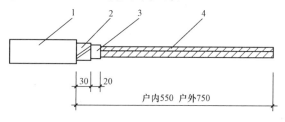

图 6-17　电缆终端头剥切示意图
1—PVC护套；2—铠装带；3—内垫层；4—铜屏蔽层

(3)剥铠装。从外护套断口处量取 30 mm 铠装保留，用铜扎线绑扎 3 道，其余剥除。

(4)剥内垫层。在铠装断口处向末端保留 20 mm 内垫层，其余剥除。

(5)分芯线。割弃线芯间填充物，把线芯小心分开。

(6)焊接地线。用砂布打光铠装上的接地线焊区。取铜纺织地线，用砂布将两端打光，一端牢固的焊在铠装上，另一端分成三股，分别焊在三根芯线的铜屏蔽带上，焊接处表面应平整、光滑、无虚焊。

(7)包绕热熔胶带。在三叉根部从内垫层外缘至外护套 10 mm 处用半迭法包缠热熔胶带长约为 65 mm，形似橄榄状最大处直径大于电缆外径约为 15 mm。

(8)固定三叉手套。将三叉手套套入三叉根部,由手指根部依次向两端加热固定。

(9)剥铜屏蔽层、半导体层。由手套手指根部量取 55 mm 铜屏蔽层,其余剥除。保留 20 mm 半导体层,其余剥除。清理绝缘表面。

(10)固定应力管。按图 6-18 套入应力管,应力管搭接半导体层 20 mm,加热固定。

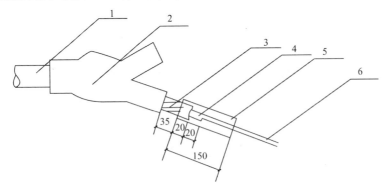

图 6-18　热收缩应力管固定示意图

1—PVC 护套;2—热收缩三叉手套;3—铜屏蔽层;

4—半导体层;5—热收缩应力管;6—芯线绝缘层

(11)压接端子。按端子孔深加 5 mm 剥去芯线绝缘,端部削成"铅笔头"状,压接端子。压坑一般为两个,压坑深度为端子管壁厚度的 4/5,两坑之间的距离为 15～20 mm,距离端子管边缘不得小于 10 mm。压坑用铝箔带填平。"铅笔头"处包绕热熔胶带,并搭接端子和绝缘层各 10 mm。

(12)固定绝缘管。在电缆手指根部包绕一层热熔胶带套入热收缩绝缘管至三叉根部,管上端超出热熔胶带 10 mm,由根部起加热固定。

(13)固定相色密封管。将相色密封管套在端子圆管部位,先预热端子,由上部起加热固定。

(14)电气性能测试。用 2 500 V 兆欧表测试绝缘电阻,并作直流耐压试验及泄漏电流测定,应合格。

(15)安装固定。将电缆头固定在预定支架上,核对相位无误后,再连接到设备上,将接地线引出、接地至此,户内热缩型终端头即制作完毕。

(16)填写安装技术记录。

6.3.3.2　10 kV 交联聚乙烯电力电缆户外终端头制作

10 kV 交联聚乙烯电力电缆户外终端头制作工序流程如图 6-19 所示。

户外电缆终端头制作从测试电缆起到固定绝缘管的制作和户内终端头(1)～(13)相同。

(14)固定三孔、单孔防雨罩。按图 6-20 在三孔、单孔防雨罩固定位置包一层热熔胶带,分别套入三孔、单孔防雨罩,加热颈部固定。

(15)固定相色密封管。在相色密封管位置包绕热熔胶带一层,将相色密封管套在端子圆管部位,先预热端子,由上端起加热固定。

（16）、（17）、（18）项与户内终端头的（14）、（15）、（16）项相同。

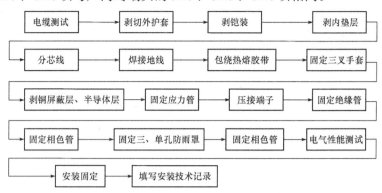

图 6-19 10 kV 交联聚乙烯电力电缆户外终端头制作工序流程图

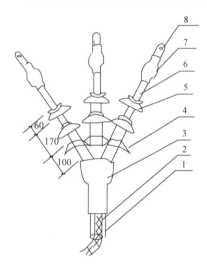

图 6-20 热缩型户外终端头示意图

1—PVC护套；2—接地线；3—热收缩三叉手套；4—热缩三孔防雨罩；
5—热缩单孔防雨罩；6—热缩绝缘管；7—相色密封管；8—接线端子

6.3.3.3 注意事项

（1）剥切电缆铠装带时，应使用钳子等工具，不得直接用手。

（2）剥除护层、铠装带、金属屏蔽层均不得损伤主绝缘，屏蔽层的端部要平整，不得有毛刺。

（3）焊接地线必须用烙铁，不得用喷灯，以免损伤绝缘。

（4）热收缩材料如要切割时，切割面要平整，不得有尖角和裂口。

（5）热收缩材料的收缩温度为 110 ℃～115 ℃，加热应用丙烷喷灯或汽油喷灯，使用时应注意火焰和热收缩材料的距离。

（6）加热时，火焰缓慢接近材料并不断移动，移动方向应由起始部位向收缩方向进行，以利气体排出。

（7）收缩完毕的热缩材料应光滑、无皱折。

电缆线路在电力系统中作为传输和分配电能之用。电缆的种类很多，按用途可分为电力电缆和控制电缆；按电压等级可分为高压电缆和低压电缆；按导线芯数可分为一～五芯电力电缆；按绝缘材料可分为纸绝缘电力电缆、聚氯乙烯绝缘电力电缆、聚乙烯绝缘电力电缆、交联聚乙烯绝缘电力电缆和橡皮绝缘电力电缆。

电力电缆由三个主要部分组成，即导电线芯、绝缘层和保护层。

电缆直埋敷设在工程中应用广泛，电缆直埋敷设的特点是：施工方便、节省材料，散热效果好。电缆沟深度一般应不小于 800 mm，电缆沟的转角处应挖成圆弧形，保证电缆的弯曲半径，电缆引入建筑物之前应预留备用电缆，电缆沟中电缆的上下应铺 100 mm 厚的砂子，再在砂子上面铺砖或盖水泥盖板，覆盖宽度应超过电缆两侧各 50 mm。

电缆在电缆沟内敷设时，电缆沟应符合设计要求，电缆沟支架上电缆排列应按设计要求，当设计无要求时，应符合下列要求：电力电缆和控制电缆应分开排列，当控制电缆与电力电缆在同一侧支架上敷设时，应将控制电缆放在电力电缆下面，1 kV 以下电缆应放在 10 kV 以下电力电缆的下面。

电缆头制作在电气工程中非常重要，所以，制作电缆头时必须保证电缆头的施工质量，应做到以下几点：保证密封，保证绝缘强度，保证电气距离，保证接头良好并有一定的机械强度。

简 答 题

(1)简述电力电缆的分类。

(2)电缆的基本结构主要有哪几部分组成？

(3)电缆敷设的一般规定有哪些？

(4)直埋电缆敷设主要有哪些要求？

(5)简述电缆直埋敷设的过程。

(6)电缆沟敷设主要有哪些要求？

(7)电缆在电缆沟内支架上敷设有哪些规定？

(8)简述 10 kV 交联聚乙烯电缆热缩型中间接头的制作过程。

(9)简述 10 kV 交联聚乙烯电缆热缩型终端头的制作过程。

项目7　防雷与接地装置安装

1. 掌握防雷装置的作用及组成。
2. 了解防雷装置的制作材料、安装方法及要求。
3. 掌握接地装置的安装方法。
4. 掌握接地电阻的测量方法。

1. 能根据施工图纸的设计要求和建筑物的具体情况，进行避雷针、避雷带、引下线的安装。
2. 能根据施工图纸的设计要求和建筑物的具体情况，进行接地装置的安装。
3. 能用接地电阻测量仪，进行接地装置接地电阻的测量。

7.1　防雷装置的安装

雷击可能对建筑物、电气设备、人身安全带来极大的危害，所以防雷与接地一样，都是电气安装工程中极其重要的施工项目。

7.1.1　防雷装置的构成

所谓防雷装置，是指接闪器、引下线、接地装置、过电压保护器及其他连接导体的总合。

(1)接闪器：直接接受雷击的避雷针、避雷带(线)、避雷网以及用作接闪的金属屋面和金属构件等。

(2)引下线：连接接闪器与接地装置的金属导体。

(3)接地装置：接地体和接地线的总合。

(4)接地体：埋入土壤中或混凝土基础中作散流用的导体。

(5)接地线：从引下线断接卡或换线处至接地体的连接导体。

(6)过电压保护器：用来限制存在于某两物体之间的冲击过电压的一种设备，如放电间隙、避雷器或半导体器具。

7.1.2 防雷装置的安装方法

7.1.2.1 屋面避雷针安装

单支避雷针的保护角 α 可按 45°或 60°考虑。两支避雷针外侧的保护范围按单支避雷针确定，两针之间的保护范围，对民用建筑可简化两针间的距离不小于避雷针的有效高度（避雷针凸出建筑物的高度）的 15 倍，且不宜大于 30 m 来布置，如图 7-1 所示。

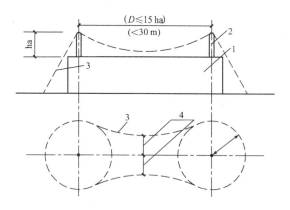

图 7-1　双支避雷针简化保护范围示意
1—建筑物；2—避雷针；3—保护范围；4—保护宽度

屋面避雷针安装时，地脚螺栓和混凝土支座应在屋面施工中由土建人员浇灌好，地脚螺栓预埋在支座内，至少有 2 根与屋面、墙体或梁内钢筋焊接。待混凝土强度满足施工要求后，再安装避雷针，连接引下线。

施工前，先组装好避雷针，在避雷针支座底板上相应的位置，焊上一块肋板，再将避雷针立起，找直、找正后进行点焊，最后加以校正，焊上其他三块肋板。

避雷针要求安装牢固，并与引下线焊接牢固，屋面上有避雷带（网）的还要与其焊成一个整体，如图 7-2 所示。

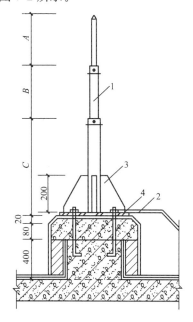

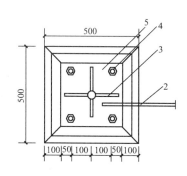

图 7-2　避雷针在屋面上安装
1—避雷针；2—引下线；3—100 mm×8 mm，$L=200$ 筋板；
4—25 mm×350 mm 地脚螺栓；5—300 mm×8 mm，$L=300$ 底板

7.1.2.2 避雷带(网)安装

避雷带通常安装在建筑物的屋脊、屋檐(坡屋顶)或屋顶边缘及女儿墙顶(平屋顶)等部位,对建筑物进行保护,避免建筑物受到雷击毁坏。避雷网一般安装在较重要的建筑物。建筑物避雷带和避雷网,如图7-3所示。

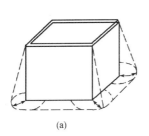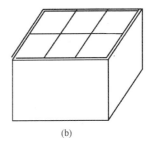

图7-3 屋顶避雷带及避雷网示意图

(a)避雷带;(b)避雷网

(1)明装避雷带(网)。明装避雷带(网)应采用镀锌圆钢或扁钢制成。镀锌圆钢直径应为$\phi12$。镀锌扁钢采用25 mm×4 mm或40 mm×4 mm。在使用前,应对圆钢或扁钢进行调直加工,对调直的圆钢或扁钢,顺直沿支座或支架的路径进行敷设,如图7-4所示。

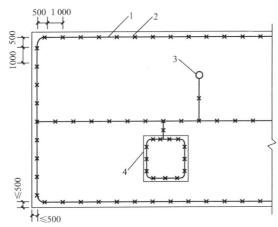

图7-4 避雷带在挑檐板上安装平面示意图

1—避雷带;2—支架;3—凸出屋面的金属管道;4—建筑物凸出物

在避雷带(网)敷设的同时,应与支座或支架进行卡固或焊接连成一体,并同防雷引下线焊接好。其引下线的上端与避雷带(网)的交接处,应弯曲成弧形。避雷带在屋脊上安装,如图7-5所示。

避雷带(网)在转角处应随建筑造型弯曲,一般不宜小于90°,弯曲半径不宜小于圆钢直径的10倍,或扁钢宽度的6倍,绝对不能弯成直角,如图7-6所示。

避雷带(网)沿坡形屋面敷设时,应与屋面平行布置,如图7-7所示。

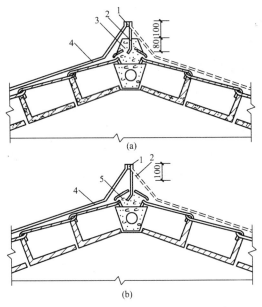

图 7-5　避雷带及引下线在屋脊上安装

（a）用支座固定；（b）用支架固定

1—避雷带；2—支架；3—支座；4—引下线；5—1：3 水泥砂浆

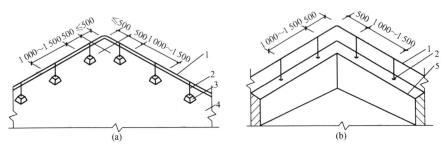

图 7-6　避雷带(网)在转弯处做法

（a）在平屋顶上安装；（b）在女儿墙上安装

1—避雷带；2—支架；3—支座；4—平屋面；5—女儿墙

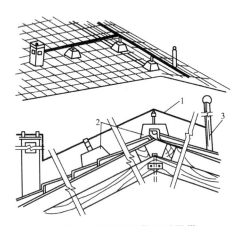

图 7-7　坡形屋面敷设避雷带

1—避雷带；2—混凝土支座；3—凸出屋面的金属物体

(2)暗装避雷网。暗装避雷网是利用建筑物内的钢筋做避雷网,以达到建筑物防雷击的目的。因其比明装避雷网美观,所以越来越被广泛利用。

1)用建筑物 V 形折板内钢筋作避雷网。通常建筑物可利用 V 形折板内钢筋做避雷网。施工时,折板插筋与吊环和网筋绑扎,通长筋和插筋、吊环绑扎。折板接头部位的通长筋在端部预留钢筋头,长度不少于 100 mm,便于与引下线连接。引下线的位置由工程设计决定。

对于等高多跨搭接处,通长筋与通长筋应绑扎。不等高多跨交接处,通长筋之间应用 $\phi 8$ 圆钢连接焊牢,绑扎或连接的间距为 6 m。V 形折板钢筋作防雷装置,如图 7-8 所示。

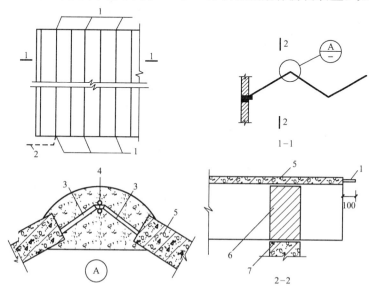

图 7-8　V 形折板钢筋作防雷装置示意图

1—通长筋预留钢筋头;2—引下线;3—吊环(插筋);

4—附加通长 $\phi 6$ 筋;5—折板;6—三脚架或三角墙;7—支托构件

2)用女儿墙压顶钢筋作暗装避雷带。女儿墙压顶为现浇混凝土的,可利用压顶板内的通长钢筋作为暗装防雷接闪器;女儿墙压顶为预制混凝土板的,应在顶板上预埋支架设接闪带。用女儿墙现浇混凝土压顶钢筋作暗装接闪器时,防雷引下线可采用不小于 $\phi 10$ 圆钢,如图 7-9(a)所示,引下线与接闪器(即压顶内钢筋)的焊接连接,如图 7-9(b)所示。在女儿墙预制混凝土板上预埋支架设接闪带时,或在女儿墙上有铁栏杆时,防雷引下线应由板缝引出顶板与接闪带连接,如图 7-9(a)中的虚线部分,引下线在压顶处同时应与女儿墙顶厚设计通长钢筋之间,用 $\phi 10$ 圆钢做连接线进行连接,如图 7-9(c)所示。

女儿墙一般设有圈梁,圈梁与压顶之间有立筋时,防雷引下线可以利用在女儿墙中相距 500 mm 的 2 根 $\phi 8$ 或 1 根 $\phi 10$ 立筋,把立筋与圈梁内通长钢筋全部绑扎为一体更好,女儿墙不需再另设引下线,如图 7-9(d)所示。采用此种做法时,女儿墙内引下线的下端需要焊到圈梁立筋上(圈梁立筋再与柱筋连接)。引下线也可以直接焊到女儿墙下的柱顶预埋件上(或钢屋架上)。圈梁主筋如能够与柱主筋连接,建筑物则不必再另设专用接地线。

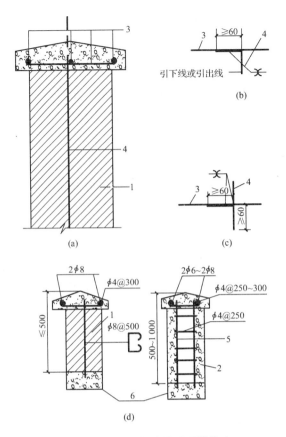

图 7-9　女儿墙及暗装避雷带做法

(a)压顶内暗装避雷带做法；(b)压顶内钢筋引下线(或引出线)连接做法；

(c)压顶上有明装接闪带时引下线与压顶内钢筋连接做法；(d)女儿墙结构图

1—砖砌体女儿墙；2—现浇混凝土女儿墙；3—女儿墙压顶内钢筋；

4—防雷引下线；5—4ϕ10 圆钢连接线；6—圈梁

7.1.3　引下线敷设

7.1.3.1　一般要求

引下线可分为明装和暗装两种。明装时一般采用直径为 8 mm 的圆钢或截面为 30 mm×4 mm 的扁钢。在易受腐蚀部位，截面应适当加大。引下线应沿建筑物外墙敷设，距离墙面为 15 mm，固定支点间距不应大于 2 m，敷设时应保持一定松紧度。从接闪器到接地装置，引下线的敷设应尽量短而直。若必须弯曲时，弯角应大于 90°。引下线敷设于人们不易触及之处。地上 1.7 m 以下的一段引下线应加保护设施，以避免机械损坏。如用钢管保护，钢管与引下应有可靠电气连接。引下线应镀锌，焊接处应涂防锈漆，但利用混凝土中钢筋作引下线除外。

一级防雷建筑物专设引下线时，其根数不少于 2 根，沿建筑物周围均匀或对称布置，间距不应大于 12 m，防雷电感应的引下线间距应为 18～24 m；二级防雷建筑物引下线数量不应少于2根，沿建筑物周围均匀或对称布置，平均间距不应大于18 m；三级防雷建筑物引下线数量不宜少于2根，平均间距不应大于25 m；但周长不超过25 m，高度不超过40 m的建筑物可只设一根引下线。

当引下线长度不足，需要在中间接头时，引下线应进行搭接焊接。装有避雷针的金属筒体，当其厚度不小于4 mm时，可作避雷针引下线。筒体底部应有两处与接地体对称连接。暗装时引下线的截面应加大一级，应用卡钉分段固定。

避雷引下线和变配电室接地干线敷设的有关规范要求应符合以下几点：

(1)建筑物抹灰层内的引下线应有卡钉分段固定；明敷的引下线应平直、无急弯，与支架焊接处，油漆防腐且无遗漏。

(2)金属构件、金属管道做接地线时，应在构件或管道与接地干线间焊接金属跨接线。

(3)接地线的焊接应符合接地装置一样的焊接要求，材料采用及最小允许规格、尺寸和接地装置所要求相同。

(4)明敷引下线及室内接地干线的支持件间距应均匀，水平直线部分为0.5～1.5 m；垂直直线部分为1.5～3 m；弯曲部分为0.3～0.5 m。

(5)接地线在穿越墙壁、楼板和地坪处应加套钢管或其他坚固的保护套管，钢套管应与接地线做电气连通。

7.1.3.2 明敷引下线

明敷引下线应预埋支持卡子，支持卡子应凸出外墙装饰面15 mm以上，露出长度应一致，将圆钢或扁钢固定在支持卡子上。一般第一个支持卡子在距离室外地面2 m高处预埋，距离第一个卡子正上方1.5～2 m处设第二个卡子，依此向上逐个埋设，间距均匀相等，并保证横平竖直。

明敷引下线调直后，从建筑物最高点由上而下，逐点与预埋在墙体内的支持卡子套环卡固，用螺栓或焊接固定，直至到断接卡子为止，如图7-10所示。

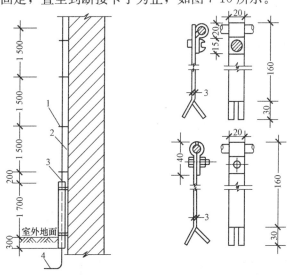

图 7-10　引下线明敷做法

1—扁钢卡子；2—明敷引下线；3—断接卡子；4—接地线

引下线通过屋面挑檐板处，应做成弯曲半径较大的慢弯，弯曲部分线段总长度，应小于拐弯开口处距离的 10 倍，如图 7-11 所示。

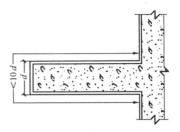

图 7-11　引下线拐弯的长度要求

d—拐弯开口处的距离

7.1.3.3　暗敷引下线

沿墙或混凝土构造柱暗敷设的引下线，一般使用直径不小于 $\phi12$ 的镀锌圆钢或截面为 25 mm×4 mm 的镀锌扁铁。钢筋调直后先与接地体(或断接卡子)用卡钉固定好，垂直固定距离为 1.5～2 m，由下至上展放或一段一段连接钢筋，直接通过挑檐板或女儿墙与避雷带焊接，如图 7-12 所示。

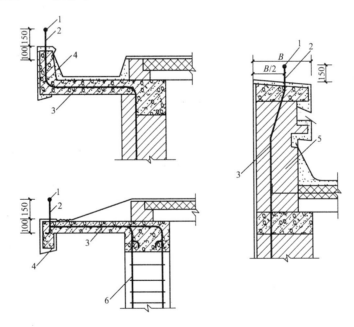

图 7-12　暗装引下线经过挑檐板、女儿墙做法

1—避雷带；2—支架；3—引下线；

4—挑檐板；5—女儿墙；6—柱主筋

B—墙体宽度

利用建筑物钢筋作引下线时，钢筋直径为 16 mm 及以上时，应利用两根钢筋(绑扎或焊接)作为一组引下线；当钢筋直径为 10～16 mm 时，应利用四根钢筋(绑扎或焊接)作为一组引下线。

引下线上部(屋顶上)应与接闪器焊接,中间与每层结构钢筋需进行绑扎或焊接连接,下部在室外地坪下 0.8～1 m 处焊出一根 ϕ12 的圆钢或截面为 40 mm×4 mm 的扁钢,伸向室外与外墙面的距离不小于 1 m。

7.1.3.4 断接卡子

为了便于测试接地电阻值,接地装置中自然接地体和人工接地体连接处和每根引下线应有断接卡子。断接卡子应有保护措施。引下线断接卡子应在距离地面 1.5～1.8 m 高的位置设置。

断接卡子的安装形式有明装和暗装两种,如图 7-13 和图 7-14 所示。可利用不小于 40 mm×4 mm 或 25 mm×4 mm 的镀锌扁钢制作,用两根镀锌螺栓拧紧。引下线圆钢或扁钢与断接卡的扁钢应采用搭接焊。

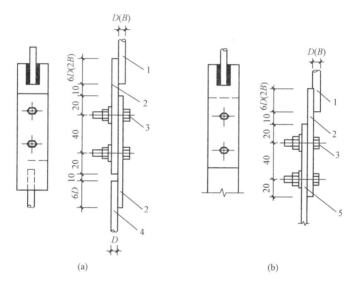

图 7-13　明装引下线断接卡子的安装

(a)用于圆钢连接线;(b)用于扁钢连接线

D—圆钢直径;*B*—扁钢厚度

1—圆钢引下线;2—25 mm×4 mm,长度为 90×6*D* 的连接板;

3—M8×30 mm 镀锌螺栓;4—圆钢接地线;5—扁钢接地线

明装引下线在断接卡子下部,应外套竹管、硬塑料管等非金属管保护。保护管深入地下部分不应小于 300 mm。明装引下线不应套钢管,必须外套钢管保护时,必须在保护钢管的上、下侧焊跨接线与引下线连接成一整体。

用建筑物钢筋作引下线,由于建筑物从上而下钢筋连成一整体,因此,不能设置断接卡子,需要在柱(或剪力墙)内作为引下线的钢筋上,另外焊一根圆钢引至柱(或墙)外侧的墙体上,在距地面 1.8 m 处,设置接地电阻测试箱;也可在距地面 1.8 m 处的柱(或墙)的外侧,将用角钢或扁钢制作的预埋连接板与柱(或墙)的主筋进行焊接,再用引出连接板与预埋连接板相焊接，引至墙体外表面。

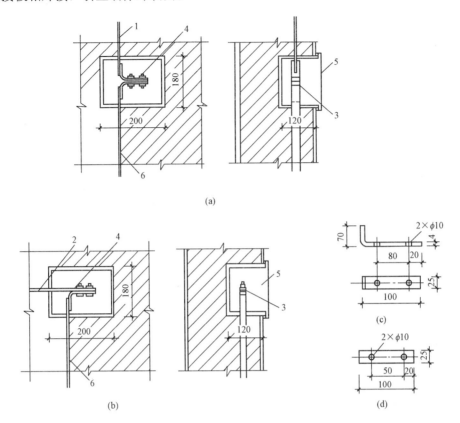

图 7-14　暗装引下线断接卡子的安装

(a)专用暗装引下线；(b)利用柱筋作引下线；(c)连接板；(d)垫板

1—专用引下线；2—至柱筋引下线；3—断接卡子；

4—M10×30 mm 镀锌螺栓；5—断接卡子箱；6—接地线

7.2　接地装置的安装

7.2.1　接地装置的构成

接地装置由接地体和接地线两部分组成。

(1)接地体是指埋入地下与土壤接触的金属导体，有自然接地体和人工接地体两种。自然接地体是指兼作接地用的直接与大地接触的各种金属管道(输送易燃易爆气体或液体的管道除外)、金属构件、金属井管、钢筋混凝土基础等；人工接地体是指人为埋入地下的金属导体，可分为水平接地体和垂直接地。

1)水平接地体多采用 $\phi16$ 的镀锌圆钢或 40 mm×4 mm 镀锌扁钢。常见的水平接地体有带形、环形和放射形，如图 7-15 所示。埋设深度一般为 0.6～1 m，不能小于 0.6 m。

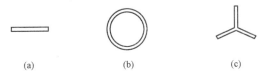

图 7-15 常见的水平接地体

(a)带形；(b)环形；(c)放射形

①带形接地体多为几根水平安装的圆钢或扁钢并联而成，埋设深度不小于 0.6 m，其根数及每根长度按设计要求。

②环形接地体是用圆钢或扁钢焊接而成，水平埋设于地下 0.7 m 以下。其直径大小按设计规定。

③放射形接地体的放射根数一般为 3 根或 4 根，埋设深度不小于 0.7 m，每根长度按设计要求。

2)垂直接地体一般由镀锌角钢或钢管制作。角钢厚度不小于 4 mm，钢管壁厚不小于 3.5 mm，有效截面面积不小于 48 mm²。所用材料应没有严重锈蚀，弯曲的材料必须矫直后方可使用。一般用 50 mm×50 mm×5 mm 镀锌角钢或 ϕ50 镀锌钢管制作。垂直接地体的长度一般为 2.5 m，其下端加工成尖形。用角钢制作时，其尖端应在角钢的角脊上，且两个斜边要对称，如图 7-16(a)所示，用钢管制作时要单边斜削，如图 7-16(b)所示。

(2)接地线是指电气设备需接地的部分与接地体之间连接的金属导线。其有自然接地线和人工接地线两种。自然接地线种类很多，如建筑物的金属结构(金属梁、桩等)，生产用的金属结构(吊车轨道、配电装置的构架等)，配线的钢管，电力电缆的铅皮、不会引起燃烧、爆炸的所有金属管道等。人工接地线一般都由扁钢或圆钢制作。

选择自然接地体和自然接地线时，必须要保证导体全长有可靠的电气连接，以形成连续的导体。

图 7-17 所示为接地装置示意图。其中，接地线分为接地干线和接地支线。电气设备接地的部分就近通过接地支线与接地网的接地干线相连。

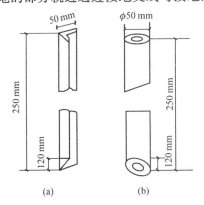

图 7-16 垂直接地体的制作

(a)角钢；(b)钢管

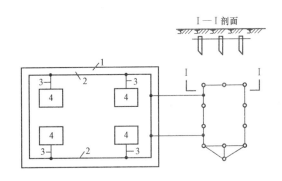

图 7-17 接地装置示意图

1—接地体；2—接地干线；3—接地支线；4—电气设备

接地装置的导体截面应符合稳定和机械强度的要求，且不应小于表 7-1 所示的最小规格。

表 7-1　钢接地体和接地线的最小规格

种类、规格及单位		地上		地下	
		室内	室外	交流电流回路	支流电流回路
圆钢直径/mm		6	8	10	12
扁钢	截面面积/mm²	60	100	100	100
	厚度/mm	3	4	4	6
角钢厚度/mm		2	2.5	4	6
钢管管壁厚度/mm		2.5	2.5	3.5	4.5
注：电力线格杆塔的接地引出线的截面面积不应小于 50 mm²，引出线应热镀锌。					

7.2.2　接地装置的安装方法

7.2.2.1　人工接地体的制作与安装

人工接地体分为垂直和水平安装两种。接地极制作安装，应配合土建工程施工，在基础土方开挖的同时，应挖好接地极沟并将接地极埋设好。

（1）垂直接地体制作与安装。垂直接地体，截取长度不小于 2.5 m 的 ∟ 50×50 的角钢、DN50 钢管或 φ20 圆钢，圆钢或钢管端部锯成斜口或锻造成锥形，角钢的一端应加工成尖头形状，尖点应保持在角钢的角脊线上并使两斜边对称制成接地体，如图 7-18 所示。

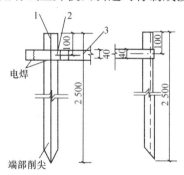

图 7-18　垂直接地体制作图

1—角钢接地体；2—卡板；3—连接扁钢

接地体制作好后，在接地极沟内，放在沟的中心线上垂直打入地下，顶部距离地面不小于 0.6 m，间距不小于两根接地体长度之和，如图 7-19 所示，即一般不应小于 5 m，当受地方限制时，可适当减少一些距离，但一般不应小于接地体的长度。

使用大锤敲打接地体时，要把握平稳，不可摇摆，锤击接地体保护帽正中，不得打偏，接地体与地面保持垂直，防止接地体与土壤之间产生缝隙，增加接触电阻影响散流效果。

敷设在腐蚀性较强的场所或土壤电阻率大于 $100\ \Omega \cdot m$ 的潮湿土壤中接地装置，应适当加大截面或热镀锌。

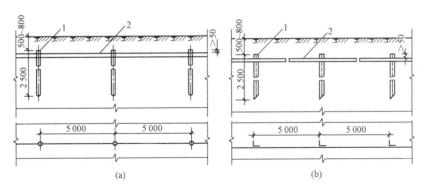

图 7-19　垂直接地体安装方法
(a)钢管接地体；(b)角钢接地体
1—接地体；2—接地线

(2)水平接地体制作与安装。水平接地体多用于环绕建筑四周的联合接地，常用－40 mm×40 mm 镀锌扁钢，最小截面不应小于 $100\ mm^2$，厚度不应小于 4 mm。当接地体沟挖好后，应垂直敷设在地沟内(不应平放)，垂直放置时，散流电阻较小。顶部埋设深度距离地面不小于 0.6 m，如图 7-20 所示。水平接地体多根平行敷设时，水平间距不小于 5 m。

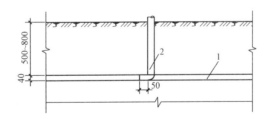

图 7-20　水平接地体安装
1—接地体；2—接地线

沿建筑物外面四周敷设成闭合环状的水平接地体，可埋设在建筑物散水及灰土基础以外的基础槽边。将水平接地体直接敷设在基础底坑与土壤接触是不合适的。由于接地体受土壤的腐蚀早晚是会损坏的，被建筑物基础压在下边，日后也无法维修。

7.2.2.2　人工接地线的安装

在一般情况下，采用扁钢或圆钢作为人工接地线。接地线的截面应按照所述的方法选择。接地线应该敷设在易于检查的地方，并须有防止机械损伤及防止化学作用的保护措施。从接地干线敷设到用电设备的接地支线的距离越短越好。当接地线与电缆或其他电线交叉时，其距离至少要维持 25 mm。在接地线与管道、铁道等交叉的地方，以及在接地线可能受到机械损伤的地方，接地线上应加保护装置，一般要套以钢管。当接地线跨过有振动的地方，如铁路轨道时，接地线应略加弯曲，如图 7-21 所示，以便在振动时有伸缩的余地，免于断裂。

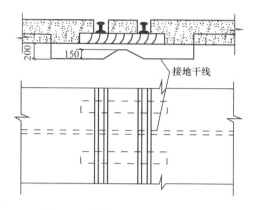

图 7-21 接地干线跨越轨道安装图

接地线沿墙、柱、天花板等敷设时，应有一定距离，以便维护、观察，同时，避免因距离建筑物太近容易接触水汽而造成锈蚀现象。在潮湿及有腐蚀性的建筑物内，接地线离开建筑物的距离至少为 10 mm，在其他建筑物内则至少为 5 mm。接地线沿建筑物敷设的安装图如图 7-22 所示。

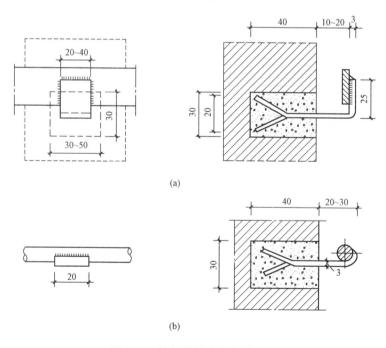

图 7-22 接地线沿建筑物敷设图

（a）扁钢接地线；（b）圆钢接地线

当接地线穿过墙壁时，可先在墙上留洞或设置钢管，钢管伸出墙壁至少 10 mm。接地线放入墙洞或钢管内后，在洞内或管内先填以黄沙，然后在两端用沥青或沥青棉纱封口。

当接地线穿过楼板时，也必须装设钢管。钢管离开楼板上面至少 30 mm，离开楼板下面至少 10 mm。安装方法与上同，如图 7-23 所示。

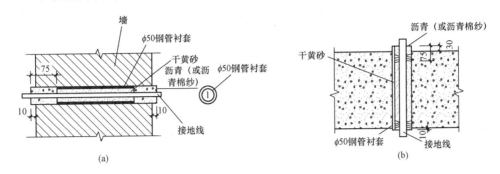

图 7-23　接地线穿过墙和楼板的装置

(a)穿墙装置；(b)穿越楼板装置

当接地线跨过伸缩缝时，应采用补偿装置。常采用的补偿装置有两种：一种方法是将接地线在伸缩缝处略为弯曲，以补偿受到伸缩时的影响，可避免接地线断裂；另一种方法是采用钢绞线作为连接线，该连接线的电导不得小于接地线的电导。

当接地线跨过门时，必须将接地线埋入门口的混凝土地坪内，如图 7-24 所示。

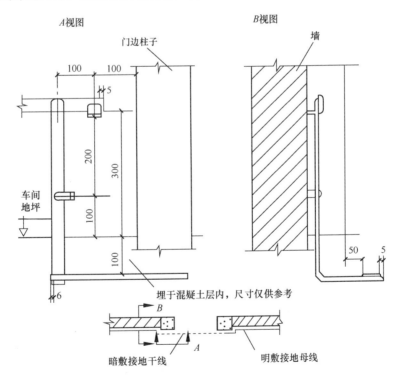

图 7-24　接地干线跨越门边安装

接地线连接时一般采用对焊。采用扁钢在室外或土壤中敷设时，焊缝长度为扁钢宽度的 2 倍，在室内明敷焊接时，焊缝长度可等于扁钢宽度；当采用圆钢焊接时，焊缝长度应为圆钢直径的 6 倍，如图 7-25 所示。接地干线与支线间的连接方式如图 7-26 所示。

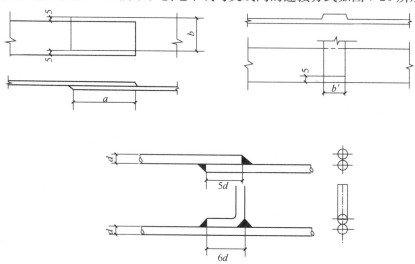

图 7-25　接地线间的连接

注：1. 扁钢焊接时，敷设在室外或土壤中时 $a=2b$，室内明敷时 $a=b$。

　　2. b 和 b' 为扁钢宽度，一般为 15、25、40(mm)；d 为圆钢外径，一般为 10、16(mm)，均依设计规定。

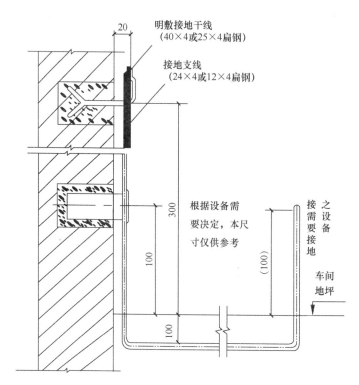

图 7-26　明敷接地干线与支线间的连接装置图

接地线与电气设备连接的方法可采用焊接或用螺栓连接。采用螺栓连接时，连接的地方要用钢丝刷刷光并涂以中性凡士林油，在接地线的连接端最好镀锡以免氧化，然后再在连接处涂上一层漆以免锈蚀。

7.2.3 接地装置的涂色

接地装置安装完毕后，应对各部分进行检查，尤其是对焊接处更要仔细检查焊接质量，对合格的焊缝应按规定在焊缝各面涂装。

明敷的接地线表面应涂黑漆，如因建筑物的设计要求，需涂其他颜色，则应在连接处及分支处涂以宽都为 15 mm 的两条黑带，间距为 150 mm。中性点接至接地网的明敷接地导线应涂紫色带黑色条纹。在三相四线制网络中，如接有单相分支线并且零线接地时，零线在分支点应涂黑色带以便识别。

7.2.4 接地电阻测量

接地装置的接地电阻是接地体的对地电阻和接地线电阻的总和。接地电阻的数值等于接地装置对地电压与通过接地体流入地中电流的比值。测量接地电阻的方法很多，目前，用得广泛的是用接地电阻测量仪和接地摇表来测量。

有关规程对部分电气设备接地电阻的规定数值见表 7-2。

表 7-2　部分电气装置要求的接地电阻值　　　　　　　　　　　　　Ω

接地类别		接地电阻
TN、TT 系统中变压器中性点接地	单台容量小于 100 kV·A	10
	单台容量在 100 kV·A 及以上	4
0.4 kV、PE 线重复接地	电力设备接地电阻要求为 10 Ω 时	30
	电力设备接地电阻要求为 4 Ω 时	10
IT 系统中，钢筋混凝土杆、铁杆接地		50
柴油发电机组接地	中性点接地　100 kV·A 以下	10
	中性点接地　100 kV·A 及以上	4
	防雷接地	10
	燃油系统设备及管道防静电接地	30
电子设备接地	直流地	1~4
	其他交流设备的中性点接地(功率地)	4
	保护地	4
	防静电接地	30
建筑物用避雷带作防雷保护时	一类防雷建筑物的防雷接地	10
	二类防雷建筑物的防雷接地	20
	三类防雷建筑物的防雷接地	30
采用共用接地装置，且利用建筑物基础钢筋作接地装置时		1

7.2.5 降低接地电阻的措施

流散电阻与土壤的电阻有直接关系。土壤电阻率越低，流散电阻也就越低，接地电阻就越小。所以，在遇到电阻率较高的土壤(如砂质、岩石以及长期冰冻的土壤)时，装设的人工接地体要达到设计要求的接地电阻，往往要采取适当的措施，常用的方法如下：

(1)对土壤进行混合或浸渍处理。在接地体周围土壤中适当混入一些木炭粉、炭黑等以提高土壤的电导率，或用食盐溶液浸渍接地体周围的土壤，对降低接地电阻也有明显效果。近年来还有采用木质素等长效化学降阻剂的，效果也十分显著。

(2)改换接地体周围部分土壤。将接地体周围换成电阻率较低的土壤，如黏土、黑土、砂质黏土、加木炭粉土等。

(3)增加接地体埋设深度。当碰到地表面岩石或高电阻率土壤不太厚，而下部就是低电阻率的土壤时，可将接地体采用钻孔深埋或开挖深埋的方式埋至低电阻率的土壤中。

(4)外引式接地。当接地处土壤电阻率很大而在距离接地处不太远的地方有导电良好的土壤或有不冰冻的湖泊、河流时，可将接地体引至该低电阻率的地带，然后按规定做好接地。

7.3 等电位联结

7.3.1 总等电位联结

总等电位联结的作用是为了降低建筑物内间接接触点间的接触电压和不同金属部件间的电位差，并消除自建筑物外经电气线路和各种金属管道引入的危险故障电压的危害，通过等电位联结端子箱内的端子板，将下列导电部分互相连通。

(1)进线配电箱的PE(PEN)母排。

(2)共用设施的金属管道，如上水、下水、热力、燃气等管道。

(3)与室外接地装置连接的接地母线。

(4)与建筑物连接的钢筋。

每一建筑物都应设总等电位联结线，对于多路电源进线的建筑物，每一电源进线都须做各自的总等电位联结，所有总等电位联结系统之间应就近互相连通，使整个建筑物电气装置处于同一电位水平。总等电位联结系统如图 7-27 所示。等电位联结线与各种管道连接时，抱箍与管道的接触表面应清理干净，管箍内径等于管道外径，其大小依管道大小而定，安装完毕后测试导电的连续性，导电不良的连接处焊接跨接线。跨接线及抱箍连接处应刷防腐漆。与各种管道的等电位联结，金属管道的连接处一般不需焊接跨接线，给水系统的水表需加接跨接线，以保证水管的等电位联结和接地的有效。装有金属外壳的排风机、空调器的金属门、窗框或靠近电源插座的金属门、窗框以及距外露可导电部分伸臂范围内的金属栏杆、天花龙骨等金属体须做等电位联结。为避免用燃气管道做接地极,燃气管道入户后应插入一绝缘段(例如在法兰盘间插入绝缘板)以与户外埋地的燃气管隔离,为防雷电流在燃气管道内产生电火花,在此绝缘段两端应跨接火花放电间隙,此项工作由燃气公司确定。一般场所地所离人站立不超过 10 m 的距离内如有地下金属管道或结构即可认为满足地面等电位的要求,否则应在地下加埋等电位带,游泳池之类特殊电击危险场所须增大地下金属导体密度。等电位联结内,各连接导体间的联结可采用焊接,焊接处不应有夹渣、咬边、气孔及未焊透情况;也可采用螺栓连接,这时注意接触面的光洁、足够的接触压力和面积。在腐蚀性场所应采取防腐措施,如热镀锌或加大导线截面等。等电位联结端子板应采取螺栓连接,以便拆卸进行定期检测。当等电位联结线采用钢材焊接时,应用搭接焊并满足如下要求:

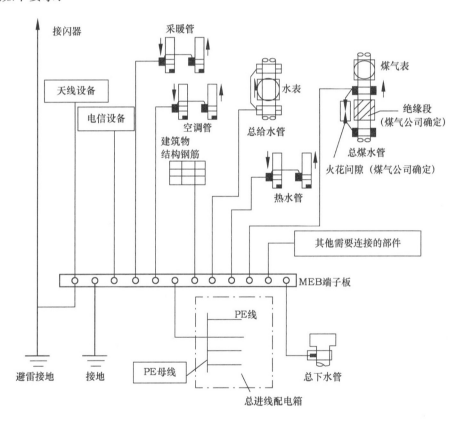

图 7-27　总等电位联结系统图

(1)扁钢的搭接长度应不小于其宽度的 2 倍,三面施焊(当扁钢宽度不同时,搭接长度以宽的为准)。

(2)圆钢的搭接长度应不小于其直径的 6 倍,双面施焊(当直径不同时,搭接长度以直径大的为准)。

(3)圆钢与扁钢连接时,其搭接长度应不小于圆钢直径的 6 倍。

(4)扁钢与钢管(或角钢)焊接时，除应在其接触部位两侧进行焊接外，并应焊以由扁钢弯成的弧形面(或直角形)与钢管(或角钢)焊接。

7.3.2 辅助等电位联结

在一个装置或部分装置内，如果作用于自动切断供电的间接接触保护不能满足规范规定的条件时，则需要设置辅助等电位联结。辅助等电位联结包括所有可能同时触及的固定式设备的外露部分，所有设备的保护线，水暖管道、建筑物构件等装置外导体部分。

用于两电气设备外露导体间的辅助等电位联结线的截面为两设备中心较小 PE 线的截面；电气设备与装置外可导电部分间辅助等电位联结线的截面为该电气设备 PE 线截面的一半。辅助等电位联结线的最小截面，有机械保护时，采用铜导线为 2.5 mm²，采用铝导线时为 4 mm²，无机械保护时，铜(铝)导线均为 4 mm²；采用镀锌材料时，圆钢为 $\phi10$，扁钢为 20 mm×4 mm。

例：如图 7-28(a)所示，分配电箱 AP 既向固定式设备 M 供电，又向手握式设备 H 供电。当 M 发生碰壳故障时，其过流保护应在 5 s 内动作，而这时 M 外壳上的危险电压会经 PE 排通过 PE 线 ab 段传导至 H，而 H 的保护装置根本不会动作。这时手握设备 H 的人员若同时触及其他装置外可导电部分 E(图中为一给水龙头)，则人体将承受故障电流 I_d 在 PE 线 mn 段上产生的压降，这对要求 0.4 s 内切除故障电压的手控式设备 H 来说是不安全的。若此时将设备 M 通过 PE 线 de 与水管 E 作辅助等电位联结，如图 7-28(b)所示，则此时故障电流 I_d 被分成 I_{d1} 和 I_{d2} 两部分回流至 MEB 板。此时 $I_{d1} < I_d$，PE 线 mn 段上压降降低，从而使 b 点电位降低，同时，I_d 在水管 eq 段和 PE 线 qn 段上产生压降，使 e 点电位升高，这样，人体接触电 $U_t = U_b - U_e = U_{be}$ 会大幅降低，从而使人员安全得到保障(以上电位均以 MEB 板为电位参考点)。

由此可见，辅助等电位联结既可直接用于降低接触电压，又可作为总等电位联结的一个补充，进一步降低接触电压。

7.3.3 局部等电位联结

当需要在一局部场所范围内作多个辅助等电位联结时，可通过局部等电位联结端子板将 PE 母线或 PE 干线或公用设备的金属管道等互相连通，以简便地实现该局部范围内的多个辅助等电位联结，被称为局部等电位联结。通过局部等电位联结端子板将 PE 母线或 PE 干线、公用设施的金属管道、建筑物金属结构等部分互相连通。

在如下情况下须做局部等电位联结：网络阻抗过大，使自动切断电源时间过长；不能满足防电击要求；TN 系统内自同一配电箱供电给固定式和移动式两种电气设备，而固定式设备保护电气切断电源时间不能满足移动式设备防电击要求；为满足浴室、游泳池、医院手术室、农牧业等场所对防电击的特殊要求；为满足防雷和信息系统抗干扰的要求。

例：在图 7-28 的例子中，若采用局部等电位联结，则其接线方法如图 7-29 所示。

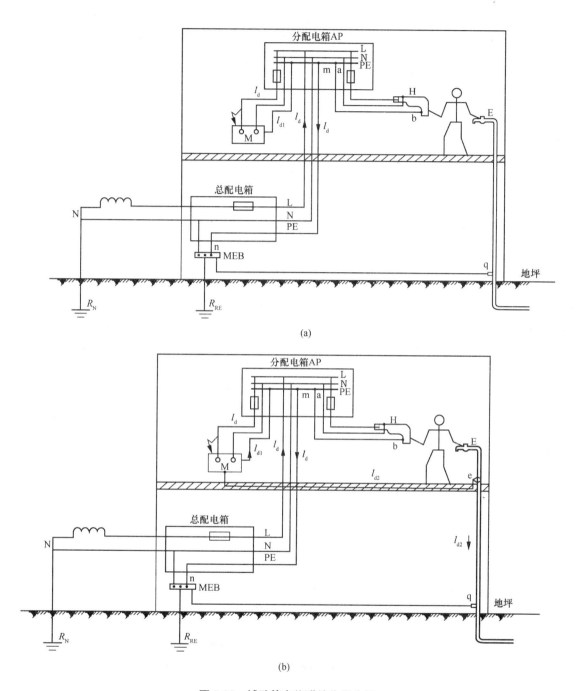

图 7-28　辅助等电位联结作用分析

(a)无辅助等电位联结；(b)有辅助等电位联结

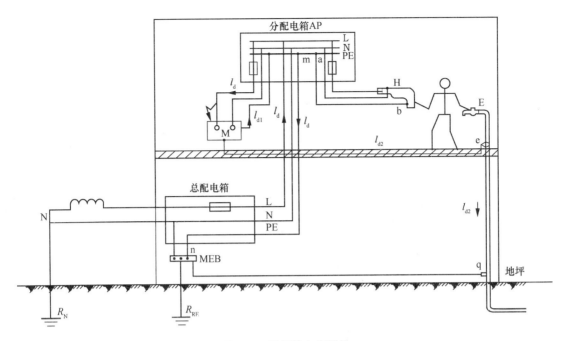

图 7-29　局部等电位联结

7.3.4　等电位联结导通的测试

等电位联结安装完毕后应进行导通性测试，测试用电源可采用空载电压为 4～24 V 的直流或交流电源。测试电流不应小于 0.2 A。当测得等电位联结端子板与等电位联结范围内的金属管道等金属体末端之间的电阻不超过 3 Ω 时，可认为等电位联结是有效的。如发现导通不良的管道连接处，应做跨接线，在投入使用后应定期作测试。

> 项目总结

防雷装置的作用是将雷击电荷或建筑物感应电荷迅速引入大地，以保护建筑物、电气设备及人身不受损害。完整的防雷装置是由接闪器、引下线和接地装置三部分组成的。接闪器是直接接受雷击的避雷针、避雷带（线）、避雷网以及用作接闪的金属屋面和金属构件等。引下线是连接接闪器和接地装置的金属导体，是将雷电流引入大地的通道。

接闪器、引下线和接地装置是各类需要防雷的建筑物、构筑物都应该装设的防雷装置，但由于对防雷的要求不同，各类防雷建筑物、构筑物在使用这些防雷装置时的技术要求、安装工艺就有所差异。

用金属把电气设备的某一部分与地做良好的连接，称为接地。埋入地中并直接与大地接触的金属导体称为接地体（或接地极），兼作接地用的直接与大地接触的各种金属构件、钢筋混凝土建筑物的基础、金属管道和设备等称为自然接地体；为了接地埋入地中的接地体称为人工接地体。连接设备接地部位与接地体的金属导线称为接地线。接地装置包括接地线和接地体，是防雷装置的重要组成部分。

在建筑电气工程中，常见的等电位联结措施有三种，即总等电位联结、辅助等电位联结和局部等电位联结，应掌握等电位联结的安装方法、步骤和工艺要求。

简答题

(1) 建筑物的防雷装置由哪几部分组成？

(2) 简述避雷针、避雷带、避雷网等接闪器的安装方法。

(3) 防雷引下线的敷设要求有哪些？引下线采用什么规格型号的材料？

(4) 什么是接地？什么是接地体和接地装置？

(5) 什么是人工接地体和自然接地体？

(6) 简述人工接地体安装方法及要求。

(7) 降低接地电阻的措施有哪些？

(8) 建筑电气工程中，为什么采用等电位联结？

(9) 等电位连接方法有哪些？各有何优缺点？

(10) 简述等电位联结的导通性测试的做法。

参考文献

[1] 韩永学. 建筑电气施工技术[M]. 北京：中国建筑工业出版社，2011.

[2] 柴秋，韩永学，尹秀妍. 建筑电气施工技能训练[M]. 北京：电子工业出版社，2009.

[3] 谢社初，周友初. 建筑电气施工技术[M]. 武汉：武汉理工大学出版社，2015.

[4] 黄民德，郭福雁，张月洁. 建筑电气工程施工技术[M]. 2 版. 北京：高等教育出版社，2009.